纺织服装高等教育“十三五”部委级规划教材

服装卖场展示设计

韩阳　等著

東華大學出版社
·上海·

内容简介

在眼球经济时代的今天，服装展示作为卖场终端的“临门一脚”，正在卖场中起到越来越大的作用。本书就服装卖场展示基础；卖场空间规划、展示形态构成、展示色彩、展示照明、橱窗设计、商品配置规划、展示管理等方面进行系统的阐述。同时本书内容注重实际操作性，贴近国内服装企业的实际运作情况，符合国际专业发展潮流，强调系统性，图文并茂，注重和基础课程的对接，并经过长期教学检验。

本书适合高等院校服装设计、艺术设计专业师生、服装服饰品牌从事卖场展示及视觉营销管理人员以及从事艺术设计等学科的专业人员阅读使用。

注：本书备有PPT，需要的读者与营销中心联系。

图书在版编目（CIP）数据

服装卖场展示设计 / 韩阳等著. -- 2版. -- 上海：东华大学出版社，2019.2

ISBN 978-7-5669-1538-2

Ⅰ. ①服… Ⅱ. ①韩… Ⅲ. ①服装—专业商店—陈列设计—高等学校—教材 Ⅳ. ①TS942.8

中国版本图书馆CIP数据核字(2019)第009067号

责任编辑 杜亚玲
封面设计 潘志远

服装卖场展示设计（第二版）
Fuzhuang maichang zhanshi sheji

著　　者：韩　阳等
出　　版：东华大学出版社（上海市延安西路1882号，200051）
本社网址：http://dhupress.dhu.edu.cn
天猫旗舰店：http://dhdx.tmall.com
营销中心：021-62193056　62373056　62379558
印　　刷：深圳市彩之欣印刷有限公司
开　　本：889mm×1194mm　1/16
印　　张：6.5
字　　数：228千字
版　　次：2019年3月第2版
印　　次：2023年2月第3次印刷
书　　号：ISBN 978-7-5669-1538-2
定　　价：49.00元

前　言　Preface

随着服装行业向纵深发展，服装品牌的管理也朝着科学和精细化的方向发展。在眼球经济时代的今天，服装展示作为卖场终端的“临门一脚”，在卖场中起到越来越大的作用。 服装展示的发展也成为国内许多服装品牌重要的探索命题。服装陈列师在近几年已成为服装品牌企业急需的人才之一。

根据国外相关的教育模式和服装业发展的成功经验，重视服装展示设计的教育将有利于服装品牌的全面发展，并增加品牌在终端的竞争力。在国外，一些著名的服装学院都设置了相关的专业和开设专门的课程。一些著名的国际品牌都有相应的管理部门和机构。因此展示设计教材的编写，对推动本学科及本土服装品牌展示的发展都具有非常重要的意义。

目前国内服装院校基本已经开设了相应的服装展示课程，一些院校还开设了服装展示专业方向。但是到目前为止，有关服装卖场展示课程的教材还是非常缺乏。自 2006 年由本人撰写《卖场陈列设计》出版后，受到广大读者的喜爱和欢迎。特别是近几年本人在高等院校的教学和给企业的服务过程中，积累了不少的教学和实际操作的经验。所以一直希望能重新从高等院校的教学特点出发，重新编写一本有关卖场陈列的书籍。

服装展示是一门实际操作性很强的学科，同时又和时尚潮流紧紧相随。因此在本书编写过程中也紧紧围绕着这些特点展开，本书的内容和结构有以下一些特点：

1. 注重实际操作性

服装展示重在培养学生的动手能力以及对理论知识的消化能力。

2. 贴近国内服装企业的实际运作情况

本书的案例均收集自服装企业，图例和操作的规范也根据国内服装企业的实际情况进行编写，贴近实际。

3. 符合国际专业发展潮流

服装展示是一门具有时尚性的学科，本书的编写得到中国服装设计师协会的大力支持，使本书融合了许多国际时尚品牌和展示机构的成功经验，具有时代感。

4. 强调系统性

服装展示是一门交叉性的学科，在服装企业的实际运营中，它还要和企业其他部门进行协同作战。因此本书自始至终贯穿和强调系统的重要性。

5. 图文并茂

本书穿插了大量的图片，直观、通俗易懂。

6. 注重和基础课程的对接

本书注重专业理论知识和三大构成等基础理论知识的对接，使学生的基础知识能在专业课中得以顺畅地转化。

7. 经过长期的教学检验

本书素材和内容大部分取材于课堂教材和讲义，经过多年的教学检验，符合高等院校的课堂教学要求。

本教材得益于浙江省教育厅浙江省高等学校重点建设教材的立项支持，同时三彩女装、美特斯·邦威休闲装等服装品牌也给予大力支持，本书在温州大学、武汉纺织大学、中国服装设计师协会培训中心、河北科技大学、河北旅游职业学院等单位的优秀教师通力合作下完成编写。

本教材第一章由周卉、李菲编写，第二章由韩阳、郑玉编写，第三章由韩阳、黄容海编写，第四章由韩阳、刘立军编写，第五章由韩阳、郑玉编写，第六章由韩阳、叶茜编写，第七章由韩阳、金晨怡编写，第八章由翁小秋、张尧编写。全书由韩阳担任主编、制作插图、并负责统稿。

本书部分照片由李玉杰、田燕提供。中国服装设计师协会培训中心部分学员和温州大学美术与设计学院展示方向部分学生参与资料的整理及练习作品的提供。另外，本书部分资料来自网络（由于联系方式不详，无法与作者联系，敬请谅解），在此一并表示深深的谢意。

本书定稿后，我邀请曾经担任乡村教师已85岁高龄的父亲题写了书名，借此感恩所有辛勤培育我们的平凡而伟大的父辈，也向坚持在基础教育一线的老师们表达敬意。中国高等教育的每一点成功得益于基础教育的坚实，我们所做的只是锦上添花。

中国服装设计师协会陈列委员会主任委员　韩　阳

目 录 contents

Chapter 1

第一章
服装卖场展示基础

Display Fundamentals For Fashion Stores

第一节 服装卖场展示概念

一、服装展示定义

展示，即展现、显示的意思。通俗的说法就是摆出来让人看。例如，展现出自己美丽的一面、长处的一面，以及将物品拿出来给大家看等行为都可称为“展示”。英文称为 Model，reveal，show。

服装展示就是以服装为主体，通过橱窗、货架、道具、模特、灯光、音乐、POP 海报、通道等一系列元素进行有组织的规划，从而达到促进产品销售，提升品牌形象目的的一种视觉营销活动。服装展示是视觉营销（Visual Merchandising）的一个重要组成部分，也是服装品牌建设最重要的一个环节（图 1–1）。

图1–1 服装展示

二、服装展示的分类及特征

（一）服装卖场展示

服装卖场展示指在销售终端的服装展示。服装卖场展示以销售商品为主要目的，和其他场合的展示相比，更注重展示的营销效果，其目标是提高店铺的销售额，提升品牌形象。主要包括卖场展示构成和规划、展示形态构成、展示色彩构成、卖场照明、橱窗设计、商品配置规划、陈列管理、展示材料学、人体工程学等内容。

（二）服装展览会场展示

服装展览会场展示主要指各种会展上的静态服装展示，包括各类博览会、展销会、交易会等。品牌和产品宣传的展示，其展示以突出品牌概念为主，展示手法更多考虑艺术效果和品牌文化的传递；以订货和销售为主的服装展示更注重于产品的商业效果，和卖场展示有一定的相似之处。较早出现的展览会场展示，为英国政府于 1851 年 5 月在伦敦海德公园举办的首届国际博览会上所建的展览馆（被誉为“水晶宫”）。

（三）服装动态秀场展示

服装动态秀场展示是指在展览现场进行的一系列实地的表演，由舞台、模特、道具、灯光、音乐等元素组成。国际上最著名的四大国际时装周分别是法国的巴黎时装周、英国的伦敦时装周、意大利的米兰时装周、美国的纽约时装周。四大时装周每年一届，分为春夏和秋冬两个部分举行。它们主要以动态的秀场展示为主，约一个月内相继举办 300 余场时装发布会。

三、服装展示的发展沿革

（一）服装展示的萌芽

在服装设计出现之前，商业展示的出现为未来的服装展示奠定了基础。

人类最早的展示活动，可以追溯到远古时

期的原始绘身、图腾崇拜、树牌立柱、祭祀鬼神等活动。

我国古代的集市和城市中定期举行的大型集市庙会，就是最早的商业展示形式。从我国四川广汉出土的东汉市集画像砖可以观察到当时店铺主人对实物的分类和陈列，这些都是商业展示的雏形。

（二）服装展示的形成

在纺织业大规模生产以前，服装展示并没有真正诞生，制衣更多的是一对一的服务，是让裁缝来量身定做的。因此，并没有给予服装展示足够的条件和空间。但是当时已经有部分裁缝将自己为客户做好的服装挂于自己店门口，附上代表个人的独特标识，以展示自己制作的服装品质。这就是最早期的名副其实的服装展示。

19 世纪欧洲的工业革命给服装展示发展带来契机，服装销售形势的改变是促成服装商业展示诞生的原因之一。19 世纪末，法国百货公司的展示理念传遍了整个欧洲，人们将杂货铺的货品分类化、商品规范化、规模大型化。20 世纪 20 年代初期的英国伦敦，欧洲最大的 HARRODS（哈洛德）百货成立，并和其他百货商场一起为视觉陈列的发展提供了更好的平台。

（三）服装展示的成熟

纺织工业的繁荣与商业的迅速发展，促使服装展示逐步迈向成熟。20 世纪初的英国纺织工业已经相当成熟，大规模的纺织生产为服装的规模化生产与销售提供了基础。

在欧洲和北美洲，随着百货业的蓬勃发展，商店中缤纷多彩的橱窗已成为城市风景的一部分。人们悠闲地徜徉在街道上，欣赏着店铺里的橱窗，享受着专卖店全方位的购物体验。此时，视觉营销的概念得以成熟和发展。

同样，中国视觉营销的兴起和发展也是伴随着中国百货业的发展而发展的。20 世纪初期（从 1917 年开始）随着上海先施公司、永安公司等四大百货的兴起，为中国视觉营销最初的发展创造了条件。这期间，百货公司的橱窗开始出现模特，并且从最初比较单调的效果，慢慢被精心地陈列与布置，视觉陈列已经成为商场日常工作必不可少的一部分。

（四）服装展示的繁荣

进入 20 世纪中叶，现代商业的大发展也为服装卖场展示提供了前所未有的用武之地。商场的经营模式与展示设计也开始走向成熟。

随着大型购物中心、商业区、商业街的逐渐兴起，独立的品牌专卖店作为商业销售环境的另一种形式，对店面的形象特别是商品的陈列有了更高的要求。服装卖场以品牌化策略实行系列化的商品经营，强调视觉营销的重要性，标示着服装展示繁荣时代的到来。

20 世纪 60 年代初，精品店开始在欧美盛行。橱窗设计开始越来越有个性和创意。进入 70 年代，视觉陈列设计在欧美服装业已成为企业必不可少的日常经营活动，企业开始专门设置视觉陈列部门和相应配备有视觉陈列设计师。

在视觉陈列发展的过程中，曾有许多名人参与其中，其中最为著名的就是世界著名高级时尚服装教父乔治·阿玛尼，他步入服装业的第一份工作就是为意大利著名百货商店布置橱窗。

20 世纪 80 年代至 90 年代，随着电子商务的发展和营销理念的转变，视觉陈列慢慢地从一种展示商品的手段提升成为视觉营销战略和视觉营销体系，并成为当前众多企业经营与管理的日常工作。

我国的视觉营销在百货和服装行业真正开始被关注源于 20 世纪末。由于服装品牌的兴起，一些早期的服装品牌开始寻找新的促销方式。这时候其关注的基本上只是橱窗的展示设计。

随着国内服装业竞争的激烈化，品牌服装企业开始走向纵深的发展，服装品牌开始设立陈列部，一些服装院校和培训机构也开设相关课程。2005 年夏天，中国服装设计师协会开办了首期服装陈列培训课程。2007 年，温州大学美术与设计学院在全国高等院校中首次开设服装展示方向。

可以说视觉营销走过了一百多年的历史，视觉营销也是见证和记录了社会商品经济历史发展的过程。

第二节　服装卖场展示功能

服装卖场是为了满足消费者的购物需求，因此卖场中的展示也应该围绕着消费者的感受而展开，一个成功的服装卖场展示应具备以下功能。

一、商品信息传达

作为一种视觉艺术，服装展示设计的首要功能，是能提炼出服装商品信息并有效传达。服装商品信息包括服装的卖点、服装的品质、服装的品位、品牌的定位等。

人类接受信息的一般行为流程为“无意—注意—浏览—吸引—审视—思考—比较—记忆”的过程。所以服装展示依据以上流程，通过运用形状、色彩、肌理、灯光、位置、面积，经过科学规划和精心展示，来引导客户有重点、有次序由浅入深地阅读商品信息。一个好的服装展示能提高商品的品质，增加商品的附加值。

二、传递品牌文化

品牌文化代表着一种价值观、一种品味、一种格调、一种时尚、一种生活方式，它的独特魅力在于它不仅提供给顾客某种效用，而且帮助顾客去寻找心灵的归属，放飞人生的梦想，实现他们的追求。服装展示就是要将优秀的品牌文化高度提炼出来，与人类美好的价值观念共同升华，倡导健康向上、奋发有为的人生信条。

服装是时尚的产物，它不仅仅是一种可以看到和触摸到的物质，同时也有精神层面的东西，是一种文化。成功的展示除了向顾客告知卖场的销售信息外，同时还传递一种特有的品牌文化。优秀的展示设计可以通过作品传播价值观、品味、格调、生活方式和消费模式，进一步提高品牌的号召力和竞争力。

三、创造购物体验

随着生活品质的提升，顾客对卖场购物环境也提出了更高的要求。顾客需要卖场的各种组合元素能在视觉、听觉、嗅觉、触觉上带来全方位的舒适和美观的购物体验。卖场展示设计手法的丰富变化，增加了顾客在服装卖场的参与互动性体验，突破了单纯的卖场购物感受。近几年，卖场展示也已经从单一的设计形式向科技与艺术融为一体的综合性设计转化。多元化信息的体验可以加深顾客对品牌和商品的印象（图 1–2）。

四、科学规范卖场

（一）整洁、规范

首先要保持卖场整洁。场地整齐、清洁，服装货架无灰尘，货物堆放、挂装平整，灯光明亮。规范就是卖场区域划分，货架的尺寸，服装的展示、折叠、出样等按照各品牌的要求统一执行。

（二）合理、和谐

卖场的通道规划要科学合理，货架及其他道具的摆放要符合顾客的购物习惯及人体工程学，服装的分区划分要和品牌的推广和营销策略相符合。同时还要做到服装排列有节奏感，

图1-2　综合性的卖场展示

图1-3　独特品牌风格展示

色彩协调，店内店外的整体风格要统一协调。

（三）时尚、风格

卖场中的展示要有时尚感，让顾客从店铺展示中清晰地了解主推产品、主推色，获得时尚信息。同时，不同品牌的卖场展示还要形成一种独特的品牌风格，富有个性（图 1-3）。

第三节　服装展示设计的职业素养

在职场要成功，除了具备能力与专业知识，更关键的是在于他所具有的职业素养。职业素养是一个人职业生涯成败的关键因素。职业素养量化而成“职商”。英文 career quotient 简称 CQ。职业素养范畴较大，其实人的素质是以人的先天禀赋为基质，在后天环境和教育影响下形成并发展起来的内在的、相对稳定的身心组织结构及其质量水平。职业素养是基础训练和反复实践而获得的技巧或能力，是所从事职业的规范和要求，是在职业过程中表现出的综合品质。将服装展示设计作为职业，所要储备的知识是多方面的，主要包括以下几个方面。

一、人文修养

人文素养主要包括人文知识和人文精神两方面。

（一）人文知识

主要包括历史知识、哲学知识、宗教知识、美学知识。

（二）人文精神

强烈的社会责任感和使命感、对生活的热爱、对信念和理想的坚持。

人们生活经验与生活知识的广度与深度直接关系到创作的深度。生活知识的内容包罗万象，既包括历史的、民族的、地域的等时空知识，又包含政治、经济、科技、文化、伦理、法律、宗教等方面的内容。

在服装展示中拥有一定的人文积淀来充实我们的头脑具有重要的意义和作用。提高人文素养能丰富展示设计师的精神世界，增强其精神力量。因此，精湛的艺术作品常折射出展示设计师的思想，这就是所谓的厚积薄发。当一个展示设计人员具备一定的人文素养之后，那么他的创作力也更具内涵，更富有生命力。

我们从事的职业不仅仅是为了获得报酬、谋生，更重要的是进行艺术创作，这是发挥个人才能、实现人生价值的舞台。将自己的思想和要表达的情感融入商业化的服装展示设计工作中，才能影响更多的受众。

二、艺术修养

作为一名视觉营销的工作者，需要有艺术修养的滋润。可以从以下艺术门类中吸取营养，例如绘画、音乐、舞蹈、电影、话剧、戏曲、建筑、雕塑等。

尽管各艺术门类知识不同，但作为人类精神产品的“艺术”有相通的共性。只有广泛猎取不同艺术门类的知识并融会贯通才能扬长避短地创作。美国现代舞蹈派创始人邓肯之所以能以自然的舞蹈动作打破古典芭蕾传统束缚，开创舞蹈全新局面，正得益于年轻时对绘画、雕塑、戏剧、音乐的深入研究以及对尼采哲学、惠特曼诗歌的精深造诣。

设计师的艺术修养决定着其能力水平的高低。具有丰富艺术修养的展示设计师会具有敏锐的感受力、丰富的艺术想象力，最后通过精湛的艺术技巧将自己的展示作品所要表达的东西完美地展示出来。

三、专业素养

服装展示设计的专业素养主要来自于以下三方面的内容：

（一）服装设计相关知识

主要包括服装设计、流行预测、服装营销、服饰搭配、三大构成（平面构成、立体构成、色彩构成）、消费心理学等课程。

（二）服装展示相关知识

主要包括卖场展示构成和规划、展示形态构成、展示色彩构成、卖场照明、橱窗设计、商品配置规划、展示管理、展示材料学、人体工程学等内容。

（三）软件技能辅助设计

随着电脑技术在设计领域的不断渗透，无论在设计思维和创作的过程中，电脑已经成为服装设计师手中有效、快捷的设计工具。常用的软件分平面和三维两大类。其中，我们常用的软件有：AUTO CAD，用来进行三视图（平面图、剖面图、立面图）和施工图的绘制；用 Coreldraw 软件可以绘制陈列图、款式图、页面排版和印刷设计等；用 Adobe Photoshop 进行图像素材的处理、橱窗效果图的表现等。

服装展示设计师是一个综合素养要求非常高的职业，要有较强的综合能力以及对生活敏锐的观察力。这种综合品质并非一朝一夕练就的，还需要在生活中不断学习，加强人文修养、艺术修养和专业素养，才能真正做到使自己的头脑具有敏锐的创作思维、使作品充满想象力，将自我表达与企业的品牌定位完美融合。

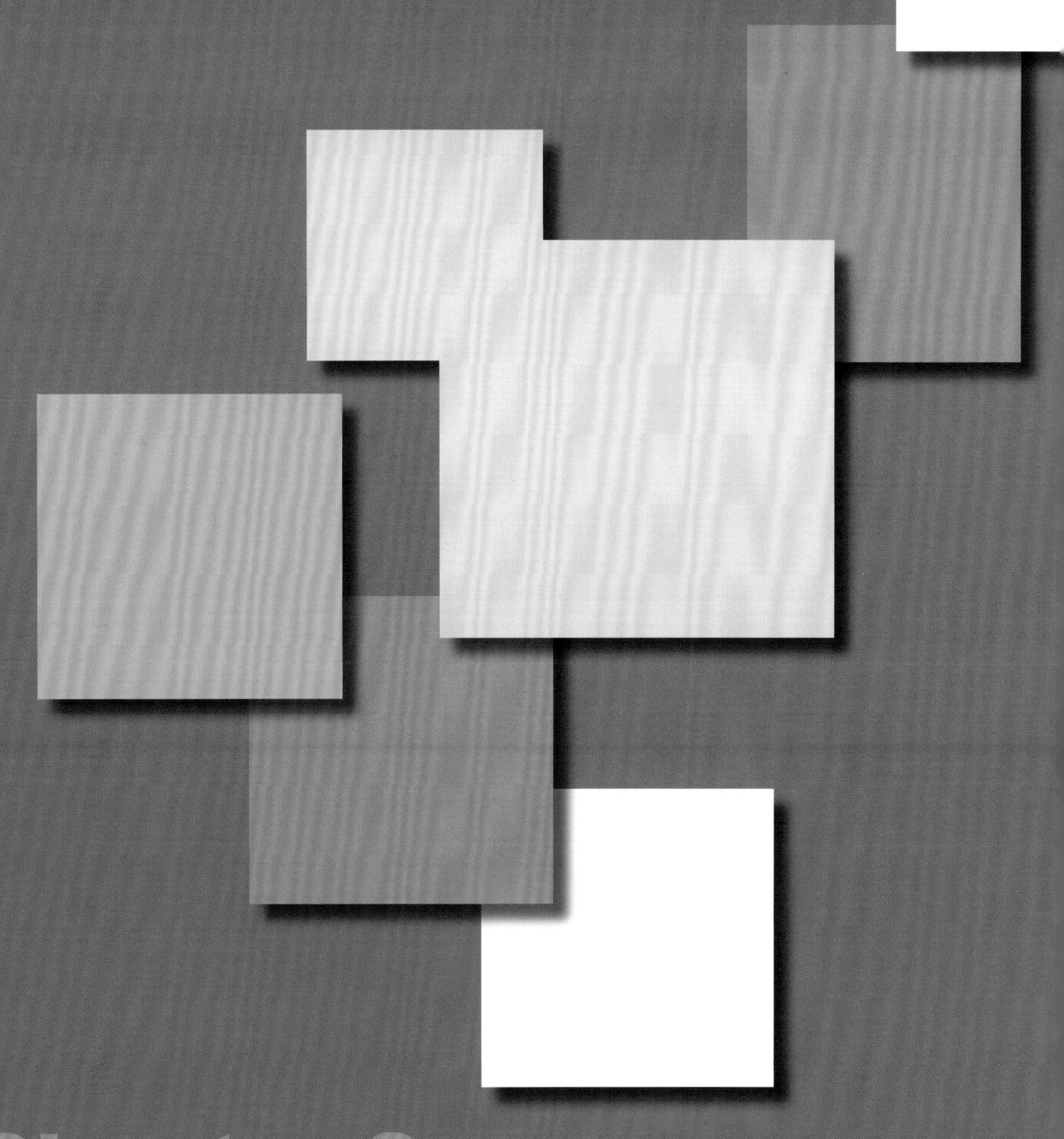

Chapter 2

第二章
服装卖场空间规划

Space Planning For Fashion Stores

第一节　卖场空间规划基础

一、卖场空间规划概念

卖场空间规划的成功与否，会影响后期的展示效果。因此，陈列师和店铺管理人员应具备一定的卖场规划知识，在卖场设计阶段与卖场空间设计师进行有效的沟通，或参与卖场规划方案的讨论。前期设计规划和后期展示两个环节的预先沟通，可以使卖场的空间更加合理化。同时通过参与前期的卖场规划，也可以更多地了解卖场空间及道具的功能，从而为今后卖场的调整提供铺垫。

（一）卖场

指比较大的出售商品的场所。也指商家和顾客进行交易的地方。

（二）卖场空间规划

对整个卖场的立体空间进行合理的规划。卖场以销售为目的，它不同于纯粹的产品展示和品牌形象的展示会。卖场空间规划不仅要考虑视觉展示效果，更要考虑开业后的销售业绩。

图2-1　女装品牌卖场视觉空间规划

二、卖场空间规划的意义

① 合理的卖场空间规划是卖场展示的基础。卖场空间规划的合理与否，直接影响着产品展示的效果，同时也会影响到产品的销售。

② 卖场空间规划可以将商业和品牌的文化理念融入空间设计中，通过空间的视觉元素设计让顾客感知品牌文化（图2-1）。

③ 围绕顾客需求和销售目标进行卖场空间规划，可以提高卖场的销售率。在规划卖场时，充分考虑顾客的需求和感受，同时紧紧围绕卖场的中、短期市场营销目标，严格把控卖场在

空间规划和视觉陈列方面的诸多要素，打造高效卖场。

第二节　卖场空间构成

国际著名服装设计大师乔治·阿玛尼说过："我们要为顾客创造一种激动人心而且出乎意料的体验，同时又要在整体上维持一致的识别，商店的每一个部分都在表达着我的美学理念，我希望能在一个空间和一个氛围中展示我的设计，为顾客提供一种深刻的体验。"由此可见，卖场中的每一个构成环节，都直接或间接地影响着顾客对于卖场空间的体验。

卖场空间构成的分类方式，从市场营销学、市场策划学、消费心理学、视觉美学以及人体工程学等不同学科的角度，有不同的分类。通常按营销管理的功能把卖场分为三个部分：导入部分、营业部分和服务部分（图2-2）。

一、导入部分

导入部分位于卖场的最前端，包括店头、橱窗、出入口、POP看板，是顾客最先接触到

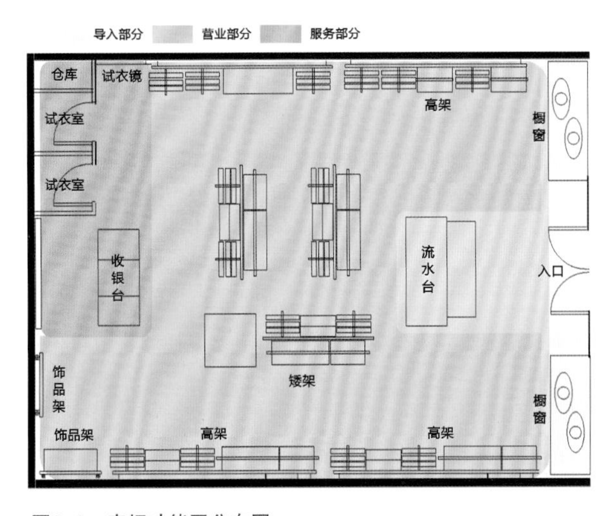

图2-2　卖场功能区分布图

的卖场部位。它的功能是在第一时间告知顾客卖场中的产品和品牌特色，达到传递卖场的销售信息，吸引顾客进入卖场的目的。

卖场导入部分是否吸引人、规划是否合理，将直接影响到顾客的进店率以及卖场的销售额。

（一）店头

在竞争日益激烈的商业活动中，店头设计是取得制胜的关键一步。店头通常由品牌标志（LOGO）、图案组合、背板和照明等元素组成。

好的店头可以清晰传递品牌的市场定位，吸引顾客、提高品牌的认知度，让商家把握更多的销售机会。

（二）橱窗

橱窗是卖场中的亮点，它通过模特和其他陈列道具等元素进行组合，形象地传递服装品牌的设计理念和卖场的销售信息。

根据品牌定位和店铺实际情况，一个卖场的橱窗在尺寸大小，数量的设置上各有不同。另外，橱窗的结构还可以分通透式、半封闭式和封闭式等多种形式。

（三）出入口

出入口是顾客出入卖场的必经之路，它会影响着顾客进店的愿望以及对品牌定位、价格的初步判断，对提高顾客的进店率起着关键的作用。

基于服装卖场的特有性质，通常卖场的出入口设置是将出口与入口合二为一的。另外，不同的品牌因为市场定位、品牌文化的差异性，其出入口设计在位置、大小和造型等方面也略有不同（图2-3）。

（四）POP看板

POP看板（Point Of Purchase）意为"卖点广告"。通常由看板和架子组成，放置在卖场入口处。通过文字、图形组成的广告来传

图2-3　某高端男装品牌的导入部分

递卖场的营销信息，辅助橱窗用来吸引和引导顾客。

（五）流水台

流水台是指放置于卖场入口处或店堂显眼位置的陈列桌或陈列柜的通俗叫法。流水台分单个或 2 ~ 3 个高度不同的子母式组合陈列桌。通常主要用于摆放一些重点推广产品或能表达品牌风格的款式。

流水台通过服装、道具的造型和搭配来诠释品牌的风格、设计理念以及卖场的销售信息，并和橱窗的主题形成呼应。一些没有橱窗的卖场中，流水台也同时承担着橱窗的功能，如图 2–4 所示。

二、营业部分

营业部分是进行产品推广为某大众品牌休闲装的流水台和销售的区域，是卖场中的核心。营业部分在整个卖场中所占的比例最大，涉及的内容最多。营业部分规划的成败，将直接影响到产品的销售业绩。营业部分的各类展示道具由各类展示柜（架）和软装道具等组成。

由于服装品牌的风格和类型的差异，卖场中道具的造型和结构也各不同（图 2–5、图 2–6）。根据其造型及使用功能，通常做以下分类。

（一）按构造结构分

卖场中的展示道具按结构通常分为“架”和“柜”两类。“架”通常以框架形式组成，四

图2–4　大众品牌休闲装的流水台

图2-5　卖场中各种货架的示意图A

图2-6　卖场中各种货架的示意图B

周通透。"柜"如同家用的衣柜一样，两侧和后面是封闭的，和衣柜不同之处是，为了选购的方便，展示柜前方是开放式的。

从造型风格看，"架"给予人一种现代、轻盈的感觉;"柜"相对会显得稳重、大方。另外，从制作成本上计算,"架"的制作成本相对便宜。

因此，基于制作成本及视觉风格的考虑，通常附加值高以及风格偏经典的品牌采用"柜"式道具较多。如职业装、高端休闲装、高端男装和女装、精品服饰品等。而大众休闲装、运动装以及前卫和时尚的品牌采用"架"式道具较多。

（二）按高度分

服装展示道具在充分考虑商品的尺度及人体工程学的前提下，设计出不同高度的道具，根据不同的高度通常分为高柜(架)和矮柜(架)两类。高架和矮架并没有特定的划分标准。在日常的使用中通常将2～3米的货架称为高架，将1.35米以下的货架称为矮架。

矮架的高度通常设定在1. 35米左右，主要是考虑矮架一般放在卖场的中部，其高度不会阻挡顾客视线，也可以满足服装正挂或侧挂的基本高度。

矮架在卖场中既可以起到丰富卖场道具尺度形式的作用，还可以放置在高架附近，与高架上的产品彼此呼应。同时可以构建卖场通道的布局，延长顾客在卖场中的停留时间，促进营销人员与顾客之间的互动，提高销售业绩。

高架的高度高、容量比较大,可以进行叠装、侧挂、正挂等多种陈列形式，能比较完整地展示成套服装的效果。从人体工程学的角度看，高架上服装放置的位置，也在顾客正常视线范围内,取放服装比较便捷。因此,通常在卖场中，高架上展示的服装其销售额要比矮架高。

女装和男装中的中高端品牌的货架高度通常在2米左右。一些大众休闲装品牌出于增加货品容量的考虑，通常选择较高的货架，一般高度在2.4～2.7米，有的达到3.5米，甚至更高。

（三）按摆放的位置分

卖场中的货架，按摆放的位置划分，通常可以分为壁柜(架)和中岛架(柜)两种。壁柜(架)通常是指摆放在靠墙壁位置的货架。中岛柜(架)通常是指放置在卖场中间位置一些货架，也包括卖场中的流水台、饰品柜等。

（四）按形状的象形分

卖场中的货架，根据其造型的象形分为:"T型架"(形状像英文的T字);"龙门架"(形状

图2-7　童装卖场的货架

图2-8　休闲装卖场的货架

像门框）；“风车架”（平面看上去像风车）；“子母台”（由高低两个陈列桌组成的流水台）。

（五）按展示功能分

卖场中的一些货架和道具是按展示功能和用途而命名的。如饰品柜、鞋（包）柜、领带柜等。这些柜子主要用于展示配饰品。这些配饰品柜采用独立展示形式，可以为顾客提供更多的货品选择机会，还可以起到丰富卖场的效果，促进卖场的销售业绩（图2-7～图2-9）。

近几年，随着流行文化和时尚潮流的发展，货架和道具的设计风格也在不断发生改变，新的造型和风格也给卖场带来全新的视觉享受。

三、服务部分

在市场竞争越来越激烈的今天，为顾客提供更好的服务，营造更为舒适的购物环境，已成为众多品牌的共识。卖场服务部分就是为了更好地辅助卖场的销售活动，使顾客能享受品牌更多的超值服务。目前，服务部分的设置已越来越受到各位商家的重视。

服务部分主要包括试衣区、收银台、休息区、仓库等。

图2-9　男装卖场的货架

（一）试衣区

试衣区是供顾客试衣、更衣的区域。试衣区包括试衣间和试衣镜，有封闭式和开放式两种。在顾客选购服装的整个过程中，试衣区既是顾客试穿服装观看穿着效果的地方，也是决定是否购买服装的重要关键节点。

（二）收银台

收银台是顾客付款结算的地方。从卖场销售的流程上看，收银台是顾客在卖场中购物活动的终点。但从整个品牌的营销角度看，收银台又是培养顾客潜在忠诚度的起点。同时，收银台既是收款结算处也是一个卖场的掌控中心，这里通常也是店长和主管在卖场中的工作位置。

（三）休息区

休息区主要包括供顾客休息的座椅、品牌文化的图文展示、茶水供应等。休息区不仅是为顾客及其同伴提供休闲的地方，同时也为销售人员赢得更多与顾客互动的时间，还可以借此向顾客展现品牌文化及其倡导的生活方式，加深培养顾客对品牌的认知度和忠诚度，实现品牌的长远发展。

（四）仓库

在卖场中附设仓库，可以在最快的时间内完成卖场的补货工作。仓库的设置主要看每日卖场中的补货状态以及面积上是否充裕而决定。

第三节　展示空间规划

一个卖场能否吸引顾客的进入，并引起购物愿望，除了商品本身外，合理的卖场设计、舒适的购物环境也是重要因素之一。合理的卖场规划也可以提高卖场的营业效率和营业设施的使用率。

一、展示空间规划原则

（一）便于顾客的进入和购物

卖场是为顾客服务的，卖场的规划前提是要以顾客为中心，卖场规划的各大环节都必须充分考虑顾客的购物行为，如顾客日常购物行走动向，“看、取、试、买”等购物行为。

在现代社会里，顾客进入卖场的目的，不只是为了购买服装，还是一次对时尚生活的体验。因此，卖场不仅要拥有充足的商品，还要创造出一种适宜的购物氛围和环境。

（二）便于货品推销和管理

符合市场销售规律的卖场规划，不仅会促进销售额的提高，同时还能精减店员数量，提高工作效率。

为了使卖场中的销售活动有起有伏，在进行卖场规划时，应考虑导入部分、营业部分、服务部分三个功能区的相互呼应。可以通过卖场通道的合理规划，使这三大功能区彼此建立有机的联系，使卖场中的销售活动环环相扣。

其次，通过对货架和服务配套设施的合理布置，将客流量均匀地分散到各个部位。这样既便于店铺的管理，也避免各区间导购员忙闲不均的现象，可以使店员有充分的时间对顾客进行销售推广。另外，在顾客试衣和购物的环节中，有意识地安排一些饰品和搭配服装，可以促进顾客的二次消费。

（三）简洁、安全的货品和货款管理

卖场内的视线要好，通常在中间设立矮架，有利于货品安全的管理。将收银台、试衣间分别设置在卖场合理的位置，可以增加货品和货款的安全性。

（四）便于服装陈列的有效展示

服装设计通常是成系列设计的，因此卖场产品展示，也应按照设计的主题和系列进行分组展示。在前期卖场规划中，应预先考虑系列展示的效果。货架的结构要便于产品的展示，货架的分配和放置及组合，应充分考虑各系列的容纳量。

（五）展现品牌特色和艺术的美感

卖场规划在考虑功能的布局合理性基础上，还要传递品牌独特的经营理念与风格（图2-10、图2-11）。在规划时，除了考虑整个卖场的色调、氛围等要素外，还要考虑货柜、道具分布的均匀度和平衡感，还要预想到商品展示的效果，展现艺术的美感。

二、展示空间规划方式

服装卖场规划是一项系统工程，它涉及服装消费心理学、市场营销学、环境工程学、艺术美学、人体工程学以及社会学等众多学科。在卖场规划时，除了要充分研究服装品牌的市场定位、品牌的中长期发展规划，还应该结合服装品牌的企划目标，对卖场所在的商圈进行调研和分析。如：卖场所在商圈内竞争品牌情况的优劣分析，卖场所在的消费层次以及人流走向分析，卖场所在的建筑位置分析等。在进行前期和外围的调研分析后，再进行卖场各个区域和细节的规划。

（一）区域规划

卖场的平面形状和空间布局复杂多样，各个服装经营者可根据自身实际情况和市场发展的中长期规划，对各功能分布可以进行合理选择和规划。

卖场的平面形状由于建筑结构等诸多因素影响，呈现各种不同的平面格局。卖场平面形状通常有最佳型、进深型、面宽型、角店等几个类别（图2-12）。大多以形状为长方形，卖场开间（W）进深（D）=1：1.5左右为佳。位于角店的卖场，由于卖场两面临街，展示的墙面减少，虽然从外往里的视线较好，但卖场内

图2-10　男装卖场的规划应简洁、大方

2-11　女装卖场的规划相对可以略为丰富和变化

较难营造气氛，动线规划也较难，规划时要特别注意主辅路的人流量比。

卖场规划除了考虑卖场的平面造型特征外，还要根据顾客在卖场中的购物流程及对产品的吸引、兴趣、激动、购买的消费次序，按照先大后小的规划思路进行规划。首先进行大功能区域的划分，如将卖场划分为导入部分、营业部分和服务部分三个功能区。然后再进行卖场主辅通道规划以及货架、道具及各个部位的分布规划。

卖场区域划分要简洁合理，同时各功能区域之间在遵循消费心理学的基础上，结合卖场的特点，相互呼应。

（二）出入口规划

卖场开放度和透明度不同会带给人们不同的视觉以及心理感受。因此在规划卖场出入口时，应根据品牌定位选择不同开放度的出入口。

通常中低价位的服饰品牌，其出入口设计大多采用开放式，开度较大。主要因为这些卖场客流量相对较高，敞开式设计也比较平易近人。同时顾客在卖场中停留的时间相对较短，对环境相对要求不高（图 2–13）。

中高档价位的服装品牌，出入口设计大多采用开启式，且开度较小。主要因为这些品牌的产品附加值相对较高，开度小的出入口设计，可以过滤一些非本品牌的消费人群，给目标顾客一个安静的选购环境，提供更为周到、尊贵的服务（图 2–14）。

除此之外，还应该根据门面和开间的大小来考虑出入口的设计。单间以及门面较窄的卖场，出入口适合采用敞开式的设计或者半敞开半橱窗的设计。这样可以让顾客获取更多地卖场内产品信息，吸引顾客进店。

位于大型百货商场或购物中心的店中店的出入口设计，主通道的开口方向应指向消费人群主流通道上，以吸引更多顾客进店。

（三）通道规划

通道：指顾客和销售人员在卖场中通行的

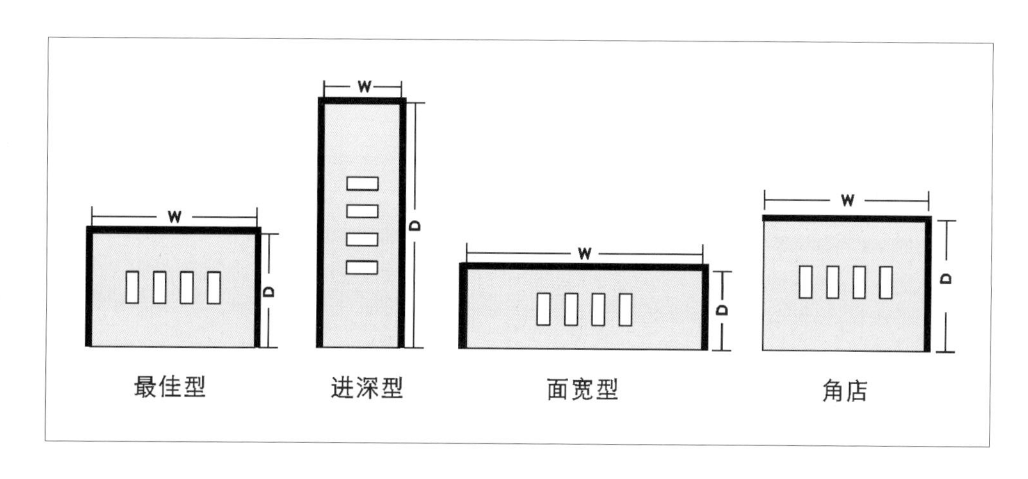

图2–12　卖场平面形状示例图

图2-13　大众品牌的开放式出入口

图2-14　中高档品牌的出入口

空间。通道类型通常分为人员通道、物资通道。

人员通道规划必须符合人体工程学的尺度，应使顾客能舒畅和便捷地浏览，能接触更多的商品。通过有意识的通道规划，延长顾客的逗留时间，引导和激发顾客的购物兴趣，创造更多的销售机会。同时人员通道规划还要考虑卖场中其他要素的影响，如货架、收银台、试衣室的位置以及销售人员的行走路线等。人员通道规划时，先规划主通道，然后再规划次通道。

物资通道：是卖场中配送货品时经过的路线。物资通道的规划应尽量保证货品的进出时，不对顾客产生过多的干扰。

1. 通道的规划原则

（1）卖场通道规划首先要考虑便捷性

卖场出入口以及通道设计，都应充分考虑顾客进入和通过的便捷性。通道应留以合理的尺度，方便顾客到达每一个角落，避免产生卖场死角。

入口是卖场通道的起点，入口尺度的不同，会给顾客产生不同的心理暗示。入口宽敞舒适，会引导顾客的进入；入口设计得狭窄，会影响顾客进店的意愿，错失顾客进入卖场接触和购买产品的机会。

在通道规划时，应先确立主通道和次通道。主通道是顾客主要的行走路线和浏览路线。另外考虑人体的尺度和通过性。主通道的尺寸通常是考虑两个人正面顺畅通过的尺寸，一般为 120 ~ 180 厘米，最小为 90 厘米。确立次通道的目的是补充主通道的不足，方便顾客接触到更多的产品。尺寸一般为 60 ~ 150 厘米，最小为 60 厘米，最大为 150 厘米（图 2-15）。

卖场通道的设计还要考虑顾客在购物中停留的空间。一些重点的部位要留有足够的驻足空间。因为卖场最终的目的，就是让顾客接触尽可能多的产品，实现尽可能多的销售。

（2）卖场通道规划还要考虑引导性

通道规划的引导性是通过对卖场中通道的合理布局，促使顾客按照设计者的设计路径行走，引导顾客到达卖场内设定的不同的产品销售区域，使顾客能完整地浏览卖场中的各个区域，增加停留时间，实现尽可能多的产品销售（图 2-16）。

2. 卖场通道的类型

根据所经营的服装类型和卖场面积的大小，卖场通道可以划分为不同形状的通道形式，一般常见的有以下几种。

（1）直线形通道

以一个直线型主通道或以一个单向型主通道为主，再辅助几个次通道的设计。顾客的行

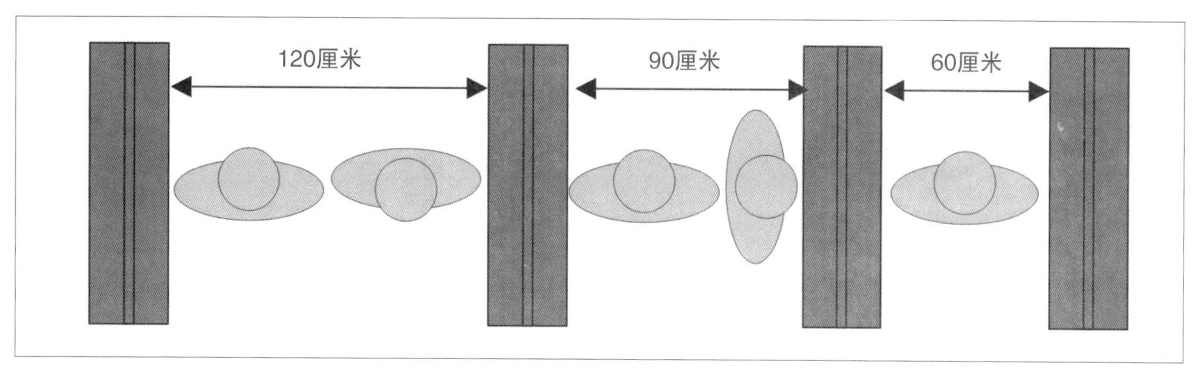

图2-15　各种通道的尺寸

走动线沿着同一通道作单直线型的往返运动，直线型通道通常是以卖场的入口为起点，以卖场收银台作为收尾的通道设计方案。它可以使顾客在最短的线路内完成产品购买行为。

（2）环绕形通道

环绕形通道布局，主通道的布局是以动态曲线形环绕整个卖场，这种通道设计适合于营业面积相对较大的卖场。

环绕形通道具有明显的指向性，通道的指向直接将顾客引导到卖场的各主要区域，可以实现消费人员的分流，使顾客能迅速进入陈列效果较好的边柜；通道简洁，有变化，顾客可以依次浏览和购买服装。

（3）自由型通道

自由型的通道设计有两种状态：一种是货架布局灵活，呈不规则路线分布形式；另一种是卖场中空，没有任何货柜的引导，顾客在卖场中的浏览路径呈自由状态。自由型通道便于顾客自由浏览，突出顾客在卖场中的主导地位，不会有局促感，顾客可以根据自己的意愿随意行走挑选，有针对性地观看产品，实现销售的概率较大。

图2-16　通道规划的引导性

（四）货架和道具规划

卖场货架及道具的规划，在整体上要排列整齐，局部可以有适当的变化，可以在货架的内部组合或高度上进行变化，但要掌握分寸，不要太零乱。高架尽量沿墙而放，以充分利用卖场空间。货架之间要形成一定的关联，包括相邻的货架以及高矮架之间的组合，使后期服装陈列时，便于形成一个系列的销售部分。除装饰柜外高架尽量避免以单柜形式独立分布，因为这样不利于后期的组合陈列。饰品柜可以分布在试衣间或收银台附近，以增加连带消费。

（五）服务设施规划

1. 试衣区

试衣间和试衣镜的数量应根据服装品牌的类别和定位进行不同的规划。试衣间的数量应根据卖场的客流量决定，通常至少在两个以上。客流量较大的品牌试衣间数量可以多些；价位高、客流量少的品牌可以少些。试衣间的空间尺寸要让顾客换衣时四肢可以舒适地伸展活动，通常长和宽尺度不小于 1 米。

图2-17　休闲装卖场收银台

试衣间位置通常设置在卖场的深处，一方面可以充分利用卖场空间，不会造成卖场通道堵塞，保证货品安全；另一方面可以引导顾客穿过整个卖场，带来二次消费的可能。

试衣间和试衣镜前要留以足够的空间，要有容纳顾客、顾客伙伴及导购员的停留空间。布局上要合理，这样可以引导顾客在卖场中均匀分布。

2. 收银台

收银台在卖场中既有货款结算的功能，同时又有掌控全场的功能。收银台设置应考虑顾客的购物动线、货款安全性、空间的合理利用性以及便于对整个卖场的销售服务进行调度和控制等各方面因素。通常设置在卖场的靠墙位置、卖场的后半场或者在视线上可以观看全场的位置（图 2–17）。

收银台的设置以满足顾客能够迅速付款结算为目标。收银台前空间规划根据品牌定位的不同，预留空间面积也不同，应预先考虑营业高峰期顾客排队状况。同时，为了提高销售额，收银台附近可放置一些小型的配饰品，以增加销售额。

卖场空间规划是卖场展示的基础，卖场空间规划的合理与否，将直接影响到后期的商品展示和卖场的销售。因此，在卖场空间规划的前期，预先并进行全面细致的规划，才能真正起到为销售服务的作用。

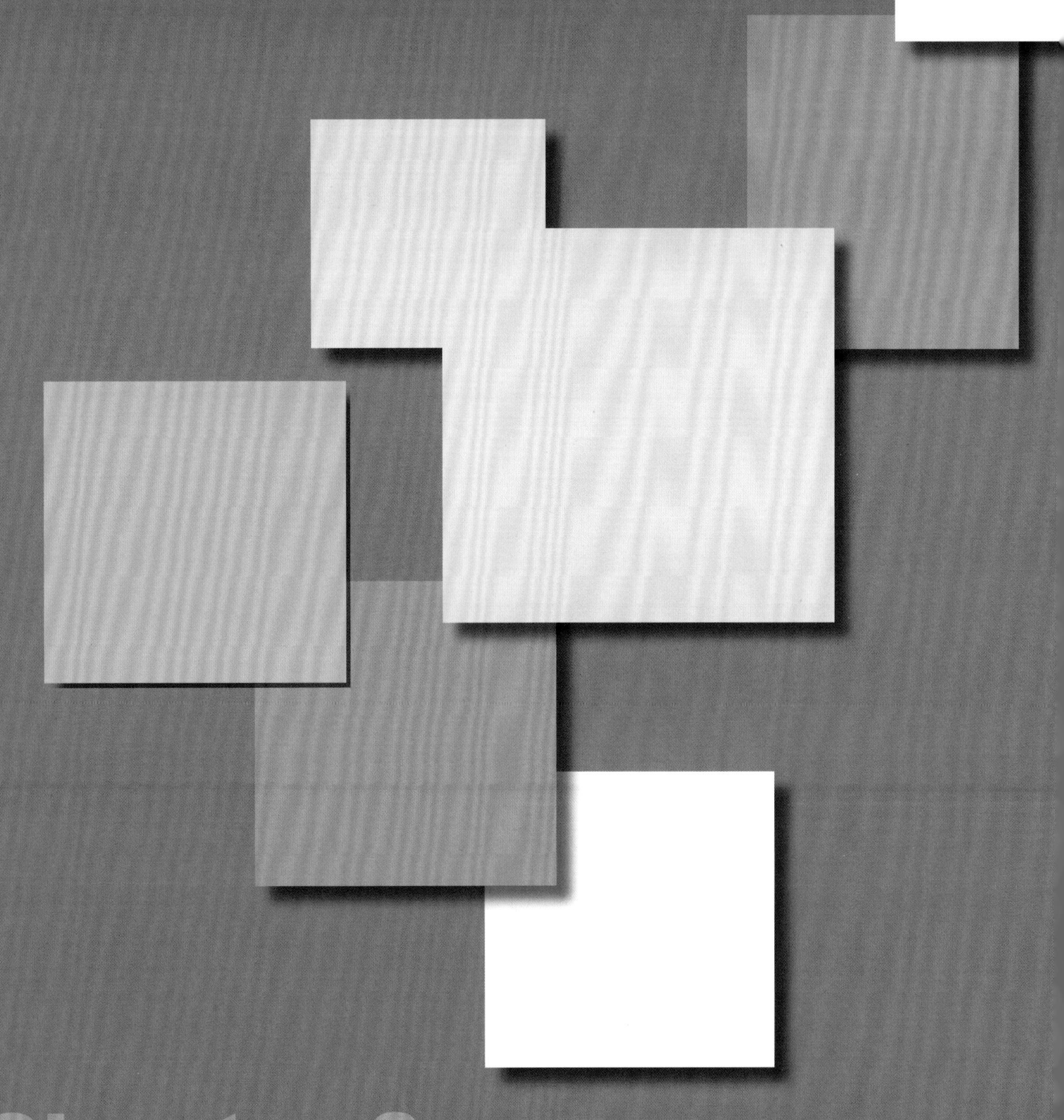

Chapter 3

第三章
服装展示形态构成

Display of Forms for Fashion

第一节　展示形态构成基础

一、展示形态构成概念

“形”是指物体简单的轮廓和形状特征，“形态”却包括了体量、质地等其他特征，也包含了人们对目标对象产生的印象和感受。

服装展示形态是指服装及相关配饰品在卖场中呈现的造型。服装展示形态构成是指服装展示的方法及组合方式。

服装本身具有各种形态，那就是服装的款式与材质。服装设计师设计服装时，是以顾客穿在身上的效果为目标进行设计，在卖场中，最能还原这种效果的就是用人模来展示服装。但是，在实际卖场中，由于要考虑卖场空间利用率以及顾客购物的便利性等因素，还会加上其他的展示方式。

不同的展示方式及构成形式为陈列师提供了更多施展才华的舞台。一件服装在不同的造型形式下，会传递着不同的风格，带给顾客完全不同的视觉感受。如：一件服装随意放置会让人感觉自然、休闲（图 3–1），折叠得规规矩矩的服装则会让人感觉正统和商务化（图 3–2）。因此，陈列师通过不同的展示手法，可以对服装进行二次“创作”。这种“创作”必须围绕着展示服装美感、款式特点以及展现品牌风格来进行。

图3–1　休闲风格展示方式

图3–2　商务风格展示方式

二、展示形态构成原则

服装卖场中的形态构成包括商品、道具等多种元素的组合形式。展示形态构成要根据美学、管理和销售等诸多因素来考虑，主要应遵循以下几项原则。

（一）保持秩序

秩序是指有条理、有组织地安排各构成部

分，以求达到良好外观的状态。秩序意指在自然进程和社会进程中都存在的某种程序的一致性、连续性和确定性。秩序也是人们基于对社会安全感的追求而延伸出来的心理需求。有秩序的卖场不仅可以使顾客在视觉上感到整洁，同时也可以迅速地查找商品，节省时间。

卖场中商品的秩序包括以下两个方面：

1. 商品视觉的秩序

主要是从美学角度，依据商品的造型和色彩等因素，按照一定的规律进行排列。如整齐折叠的裤子、从短到长排列的上衣、高低错落的手提包。它主要考虑的是商品整体的美感及顾客视觉上的舒适度。

2. 商品相关属性的秩序

如尺码、类别、价格等。它主要是将商品的一些销售信息和类别信息按照一定的规律进行排列，如层板上叠装的尺码排列遵循从上到下、由小到大的原则。一些服装品牌按产品品类分成牛仔裤区、T 恤区等排列方式，这主要是基于充分考虑顾客选购物品的便捷性。

（二）体现整体性

根据视觉运动的规律，在形态构成时要有一个总体构想，从整体上充分考虑各要素的形态分布，营造出一个整体、统一、和谐的视觉环境。有了全局规划，顾客的视线移动才不会受到无关信息的影响，才会有条不紊，保持流畅性。

每件货品的形态和造型一定要考虑卖场的整体布局和效果，切忌在卖场中出现过多的风格和造型元素，这样虽然局部效果很好，但从整体上看非常零散，缺乏整体感。卖场货架上的服装只是整个“乐团”中的一份子，必须和整个“队伍”形成一个整体。一味地强调自我，只会破坏整场“演出”的效果。

（三）展示美感

服装展示的主要目的就是展现商品的美感，激起顾客的购物兴趣。无论采用什么造型和创意，其目的都是要使商品的价值感得到提升，凸显服装和服饰品的美感。服装的美感，包括材质的美、廓型的美、花色的美等等。那种“为变化而变化”，而不管最后形态美丑的思路是不可取的。

（四）与品牌风格吻合

陈列的造型风格必须和品牌风格相吻合。品牌风格就如同一个人的性格，每一个品牌都应该有自己独特的陈列形态和风格。我们应该不断的探索，寻找适合自己品牌的陈列造型和风格。如在时尚休闲装品牌的陈列中，将衣架挂钩从袖子的方位伸出来。这种随意的造型，使顾客领略到休闲装随意、自然的个性。

（五）满足商业销售需求

卖场陈列是为销售服务的，所以陈列造型要充分考虑顾客购物时的购物状态。如正挂、侧挂和叠装组合，正是为了满足顾客购物时“看、试、买”的购物环节。将商品有意识地进行组合，也是为了引导顾客的搭配和购物。

第二节　商品的展示形态

在卖场中，根据品牌定位、风格和商品类别的不同，同时也考虑方便顾客轻松愉快地挑选商品，通常会将商品以不同的形态进行展示，卖场中常见的主要展示方式有以下几种。

一、人模展示

（一）人模展示定义

人模展示就是把商品穿着模特上的一种展示方法。人模展示方式比较完整地展示服装效果，因此人模展示的服装在卖场中通常销售额也比较高（图3–3）。

（二）人模展示特点

① 可以将服装用最接近人体穿着的状态进行展示。

② 展示服装细节和卖点，直观传递商品信息。

③ 占用空间较大，服装穿脱很不方便。

（三）人模展示规范

① 人模须保持完整性，有破损的要及时更换。

② 同组人模的设计风格、色彩应相同。

③ 给人模穿着的服装必须熨烫。

④ 人模展示服装应是卖场重点款式。如款式较多，可轮流出样。

⑤ 应合理地控制卖场中人模展示和其他展示方式的比例，作为重点展示形式的人模比例不宜过大。

（四）人模分类

人模的造形比较多，从风格上划分有写实的和写意的，前者比较接近真实的人体，后者则比较抽象。

从形状上分有全身人模、半身人模以及用于展示帽子、手套、袜子等服饰品的头、手、腿的局部人模道具。

二、正挂展示

（一）正挂展示定义

正挂展示就是将服装正面展示的一种展示形式。正挂展示的展示面积比较大，其展示效果也比较好。在各种展示方式中，展示效果仅次于人模展示。正挂展示兼顾人模展示的直观性和侧挂展示取放便捷的特点，是目前服装卖场中重要的展示方式之一（图3–4）。

（二）正挂展示特点

① 展示面积大，可以展示商品款式、风格，

图3–3　人模能更好地表现商品的细节和风格
图3–4　正挂展示

吸引顾客购买。

② 可以进行上下装及饰品的组合搭配展示。

③ 取放比较方便，方便顾客挑选和试衣。

④ 展示和储货兼之。有些正挂的挂钩上可同时挂上几件服装，既有展示作用，也有储货作用。

（三）正挂展示规范

① 正挂展示的第一件服装需熨烫平整，吊牌不外露。

② 衣架款式统一，挂钩一律朝左，方便顾客取放。

③ 服装的钮扣、腰带应全部扣好或系好，男西服钮扣可不系（图 3-5），注意保持服装各部位的平整。

④ 根据货架空间可以选择单件或上下装成套展示。为了提高连带销售，单件外套的正挂展示时应配上内搭服装。如选择上下装展示时，其套接的位置一定要合适。

⑤ 要考虑与相邻服装风格、长短的协调性。

图3-5　男装正挂钮扣可以不系

三、侧挂展示

（一）侧挂展示的定义

侧挂展示就是将服装侧向挂在货架横杆（挂通）上的一种展示形式。

（二）侧挂展示特点

① 体现组合搭配，方便顾客进行类比。顾客可以从货架中同时取放几件服装进行比较，另外也便于导购员对服装进行搭配介绍。

② 服装占用的空间面积小，卖场存储货物的空间利用率较高。

③ 服装整理简单，取放便捷。因此休闲装经常用侧挂作为试衣服装。

④ 保形性较好。侧挂展示服装是用衣架挂放的，这种展示方式非常适合一些对服装平整性要求较高的高档服装，如西装、女装等。

⑤ 出样（样品）数高。侧挂展示特别适合一些服装款数较多的品牌，女装品牌的款式较多，因此通常以侧挂作为卖场中的主要展示方式（图 3-6）。

侧挂展示的这些优点，使其成为各类服装品牌最主要的展示方式。当然侧挂展示也有其缺点如不能完整地展示服装细节等。因为，在一般情况下，顾客只能看到服装的侧面，只有当顾客从货架中取出衣服后，才能看清服装的整个面貌。因此采用侧挂展示时一般要和人模出样、正挂展示相结合。如没有上述展示形式，导购员就必须要做好顾客的引导工作。

（三）侧挂展示规范

① 衣、裤架款式应统一，挂钩一律朝里，以保持整齐和方便顾客取放。

② 衣服要熨烫整理得整齐、干净。扣好钮扣、拉上拉链、系上腰带以及其他部件，吊牌不外露。

③ 从左到右尺码由小至大。

④ 侧挂展示的容量既要避免太空也要避免太紧。通常用手把衣服推向一边时，服装紧密排列后约留出 1/3 的位置比较适宜。

⑤ 考虑顾客取放的便捷，有上下两层区域的货架，尽量不要将侧挂布局在货架的上半层，避免拿取不方便。

⑥ 衣架裤架相间组合既可以带来连带销售，又会丰富货架的展示效果（图 3–7）。

图3–6　侧挂展示方式

图3–7　侧挂的衣架裤架组合展示

四、叠装展示

（一）叠装展示的定义

叠装展示就是将服装用折叠方式进行展示的一种形式。

（二）叠装展示特点

① 叠装展示方式所占的空间比较小，可以充分利用卖场的空间，提供部分货品的储备，增加卖场中的货品容量。因此，大众化休闲品牌的卖场中，叠装展示方式占有率比较大。因为这些品牌通常销售量都比较大，必须在卖场中有大量的货品储备。

② 大面积的叠装组合还能形成视觉冲击。一些中低价位的休闲装品牌为形成货品充裕、价廉物美的感觉，往往用一个墙面或大面积的叠装展示来给顾客一种强烈的视觉感受（图 3–8）。

图3–8　大面积的叠装展示

③ 可以为其他展示方式的商品做储存和搭配建议。

④ 可以展示同款商品的各种颜色。

⑤ 丰富卖场中的展示形式，增加视觉的变化。一些高端的女装或男装品牌采用叠装，其主要是为了丰富卖场中的展示形式，其次才是兼顾储货的功能。

（三）叠装展示规范

① 服装需拆去外包装，服装要平整，吊牌不外露。

② 每叠服装折叠尺寸要相同，尺码排列从上至下，从小到大。

③ 叠装展示附近应同时展示同款的挂装，方便顾客更详细观看、触摸或进行试衣。

④ 层板上每叠服装的高度一致，为了方便顾客取放，每叠上方一般留有 1/3 以上的空间。

⑤ 叠装适合面料厚薄适中、不容易产生折印的服装。西装、西裤、裙子以及一些款式比较奇特的服装一般不宜采用叠装展示。

五、配饰品展示

（一）配饰品展示定义

就是对服装相关配套包、鞋、帽子、眼镜、领带、丝巾等商品的展示。配饰品展示方式可以与服装进行组合展示，也可以单独展示（图 3–9、图 3–10）。

（二）配饰品展示特点

① 和服装进行搭配展示，起到丰富系列与空间的作用。

② 带来连带的销售作用，增加卖场的销售额。

③ 配饰品体积较小、款式和花色较多，在展示时要强调其整体感和序列感。

（三）配饰品展示规范

① 应按类别分类，展示时强调整体性，化繁为简。

② 包内应放入填充物，使其完全展示出它

图3–9　男装皮具和领带的组合展示

图3-10　女装鞋包的组合展示

的形状，包带放在背面不外露，吊牌应放置在包的小口袋内，使其不外露。

③ 眼镜可配搭在模特身上或放于饰品柜中有条理地进行摆放。

④ 在货量充裕的情况下可以考虑重复出样，这样既可以增加视觉冲击力，也可以增加饰品的销售量。

第三节　展示形态构成运用

服装陈列师在进行服装展示时，必须充分了解商品的特点、形态构成的美学原理以及基本的展示技巧，在此基础上再进行展示造型设计。优美的造型可以丰富卖场的气氛，用无声的语言激起顾客的购物兴趣。

一、展示形态构成基本要素

点、线、面是平面构成学科里最基本的要素，是对平面形态最简单的概括，也是最能体现它们本质的表述。

服装展示形态不仅仅是平面的形态，也是立体的形态。展示是在一个卖场空间展开的，有立体的模特、立体的展架和道具等，作为卖场主角的服装本身也是立体的。尽管如此，我们依然可以从点、线、面开始，延展出展示形态构成的基本要素——点、线、面、体。

当然，这里所说的点、线、面、体的概念都是相比较而言，准确地说，任何立体形态都是“体”，只是有些接近“点”——颗粒状；有些接近“线”——条状；有些接近“面”——片状；有些则“体”的感觉会更明显。比如服装展示中的叠装、侧挂就接近“线”形态；正挂就接近“面”的感觉等。把实际卖场中的各种展示形态归纳为这几个要素，方便我们了解构成的原理、总结各种展示的规律。

不同的形态会给人以不同的感受，要灵活自如地制造不同的展示形态，就必须要学习构成的基本原理。

二、形态构成基本原理

展示形态构成的要素包括点、线、面、体，它们的大小、粗细、长短、形状、方向、排列等特性都会给人不同的感受，通过对这些要素的认识，可以帮助我们了解展示构成的基本原理。

（一）线条和形态传递着风格

不同形状的线条会带给人们不同的心理感受。规整的几何线条和形状传递着一种整齐、秩序、静态的感觉；无序的自然线条和形状传递着一种自然、随意、动态的感觉（图3-11、图3-12）。

（二）形体和线条的间隔传递着节奏

通过改变物体的间距、长短、面积大小、方向，可以使画面充满节奏感（图3-13）。

（三）形体和线条的变化传递着动感

卖场中各种构成元素进行造型上的组合，可以获得丰富的视觉效果。这些造型方式可以分为两类：一类是追求秩序的美感，给人一种平和、安全、稳定的感觉；另一类是追求非常规的美感，给人一种个性、刺激、活泼的感觉。

图3-11　采用整齐的折叠方式与规则的排列，给人一种整齐、严谨的感觉

图3-12　将服装自然地搭放，采用不规则的排列，服装的轮廓和形状自然、随意、休闲

图3-13　通过对服装排列间隔的变化，使画面充满节奏感

通常一些具有方向性、动感的线条较容易引起顾客的关注，吸引顾客的目光。因此适合在卖场中的流水台、橱窗或货架等地方进行局部的点缀性展示，为卖场制造出一些生动的效果。另外，各品牌还要根据自己品牌特点进行规划。如动感时尚的品牌就比较适合面积大些，而偏商务的品牌就不适合过多运用这一元素。

三、形态构成的结构形式

从卖场展示的形式美角度分析，目前服装卖场中常用展示组合形式有对称、均衡、重复、渐变、发射、特异等几种结构形式。

（一）对称结构

对称结构的一个显著特征就是有对称轴，常见的方向是垂直、水平或者对角线，当然也可以是任意方向，有时对称轴并不是被明显地标示出来，而是暗含在画面中，这常常不易被发现。

卖场中最常用的对称法就是以一个中心为对称点，两边采用相同的排列方式，这种展示形式的特征是具有很强的稳定性。给人一种规律、秩序、安定、完整、和谐的美感。由于对称法具有的这些特征，因此它在卖场展示中被大量应用（图3-14）。

对称法不仅适合面积比较窄小的展示面，同样也适合一些大的展示面。但是在卖场中过多地采用对称法，也会使人觉得四平八稳，没有生气。因此，一方面对称法可以和其他展示形式结合使用，另一方面在采用对称法的展示面上，还可以进行一些小的变化，以增加展示面的生动性（图3-15）。

图3-14　鞋和包形成的对称组合

图3-15　图中整个货架的组合造型采用对称的方式,但是在服装的款式和品类上采用了灵活变化的方式，使整个货架不会显得呆板

（二）均衡结构

卖场中的均衡法打破了对称的格局，通过对服装、饰品展示方式及位置的精心摆放，来获得一种新的平衡。均衡法既避免了对称法过于平和、呆板的感觉，同时也在秩序中营造出一份动感，均衡法在橱窗中运用非常广泛（图3-16）。

另外，卖场中均衡法常常是采用多种展示方式组合，一个均衡排列的展示面常常是一个系列的服装。所以在卖场中用好均衡法既可以满足货品排列的合理性，又能给卖场的展示带来几分活泼的感觉。

（三）重复结构

重复也是一种典型的、有规律的结构，这种手法是在单个货柜或一个展示面中，将两种以上不同形式的服装或饰品进行交替循环展示

图3-16　均衡法在橱窗中的运用

的一种方法。

交替循环会产生节奏，让我们联想到音乐节拍的清晰、高低、强弱、和谐，因此卖场中的重复展示常常给人一种愉悦的节奏感（图3-17、图3-18）。

（四）发射结构

发射结构由中心点向外发射，是渐变的一种特殊表现形式，也是一个重复的单位向中心聚集的结构。利用发射结构有助于引发人们对中心的关注，并产生非常强烈的视觉效果。发射的形式包括中心发射、轴向发射、旋转发射等不同效果。在一些主打的新品或者一些饰品的展示中，也经常可以看到发射结构的应用（图3-19）。

（五）特异结构

在视觉心理上，如果几个对象具有相同或相近的特征，我们会将它们归为同类；若其中一个对象“特立独行”时，我们就会特别关注这个对象。特异也是建立在重复的基础上：重复结构中局部发生完全不同的变异，与其他重

图3-17　衬衫柜中重复法的运用

图3-18　重复排列方式既可以以单体模特和服装为单元，也可以以一个橱窗为单元进行排列。图中的大橱窗中由四个小单元的橱窗组成。其中第一和第三、第二和第四橱窗采用重复的组合形式

图3-19　发射结构带给人们一份动感

复元素形成强烈的反差。特异结构就是打破单调的重复，增加视觉的兴奋点和趣味性。

四、形态构成的综合运用

掌握形态构成基本原理和结构形式后，还可以进行灵活的变化，可以将几种结构形式综合运用，同时注意整个展示面的平衡和节奏感，并从美学、销售和管理的角度进行综合考虑。

（一）橱窗的综合运用

橱窗是整个卖场中最具创意体现的地方，也使各种形态构成在此能得以灵活运用。橱窗的形态构成以均衡法最为普遍，但往往一个橱窗里面又穿插着其他构成元素。橱窗的构成方式将在第六章中详细阐述（图3-20）。

（二）流水台的综合运用

流水台是卖场仅次于橱窗的一个重要的创意点。流水台在进行形态构成中，不仅要考虑主题突出、画面简洁，还要考虑空间构成的疏密，大小的穿插、呼应，画面的走势等因素（图3-21、图3-22）。

（三）货架的综合运用

货架的形态构成，不仅要考虑形态组合的美感、有效视线区域中货品的选择，而且还要考虑其构成形式以及品质，便于搭配销售（图3-23）。

图3–20　该橱窗服装的组合采用对称法，整个结构采用均衡法

图3–21　均衡法在男装流水台中的运用

（四）配饰品的综合运用

配饰品通常面积比较小，其构成要进行组合归类，并注意大小面积的穿插。巧妙地利用配饰品的体积、位置、数量的差异进行不同的展示组合，不仅可以营造形式美感，还可以营造一种音乐的节奏感。

服装展示造型对卖场氛围的营造有着重要的作用。在视觉元素中也是仅次于色彩的重要的视觉元素。服装展示的造型在充分考虑满足顾客的视觉感受以及卖场管理等多方面因素前提下，应进行积极的探索，创造出更多美观、实用的卖场展示造型。

图3–22　女装流水台的构成形式通常比较自然

图3-23　男装货架中各种展示形式的组合运用

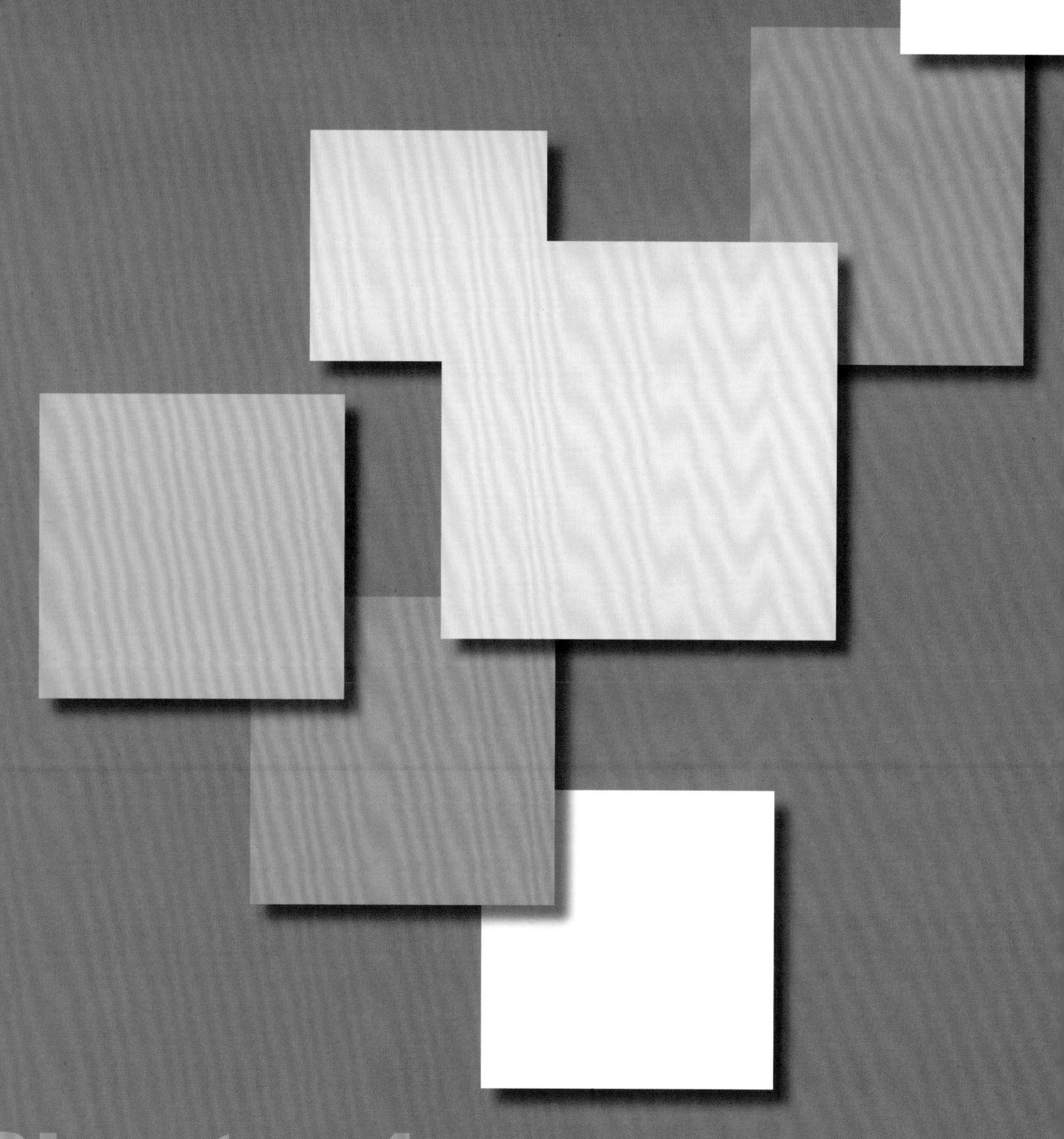

Chapter 4

第四章
服装展示色彩构成

Colour Design For Fashion Display

第一节 展示色彩构成基础

一、展示色彩构成的意义

色彩是服装卖场中最容易被顾客关注和辨别的元素，它比形状更能引起顾客的关注。顾客在决定购买一件服装时，通常将色彩作为首要的选项。服装色彩由于季节、地区、气候、流行色等诸多元素的影响，比其他商品的色彩相对要复杂。因此做好卖场展示色彩协调和搭配，对整个卖场的展示工作会起到事半功倍的作用，同时也直接影响卖场的氛围和销售业绩。

展示色彩构成就是按照一定的规律去组合卖场各元素的色彩关系，创造出新的展示色彩效果的过程（图4-1）。

图4-1 粉色系列色彩给人带来了春风般的柔情

二、色彩基本要素

（一）三原色

所谓原色，又称为第一次色，或称为基色。即用以调配其他色彩的基本色。三原色包括色光三原色和颜料三原色。色光三原色指红、绿、蓝三色。颜料的三原色指红（品红）、黄（柠檬黄）、蓝（湖蓝）三色，将不同比例的三原色进行组合，可以调配出丰富多彩的色彩（图4-2）。

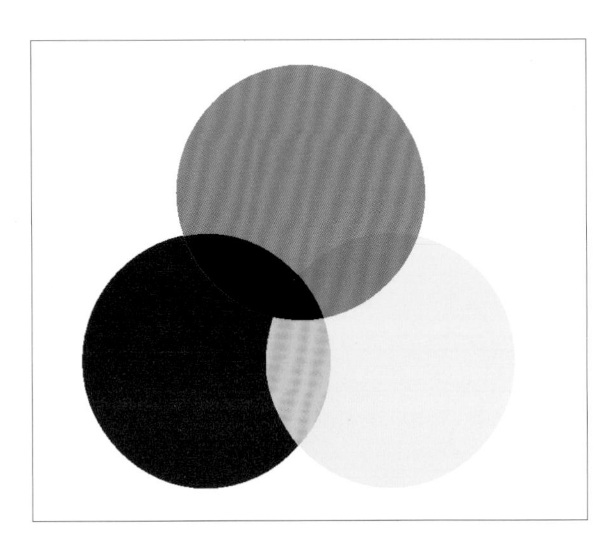

图4-2 颜料三原色图

（二）色彩三要素

① 色相：指色彩相貌的名称。

② 明度：指色彩明亮的程度。

③ 纯度：指色彩纯净程度。

（三）冷色、暖色、中性色

① 冷色：是指色彩给人以清凉、冰冷感觉的色彩。

② 暖色：是指色彩给人以温暖、火热感觉的色彩。

③ 中性色：也称无彩色，由黑、白、灰几种色彩组成。中性色常常在色彩的搭配中起间隔和调和的作用（图4-3）。

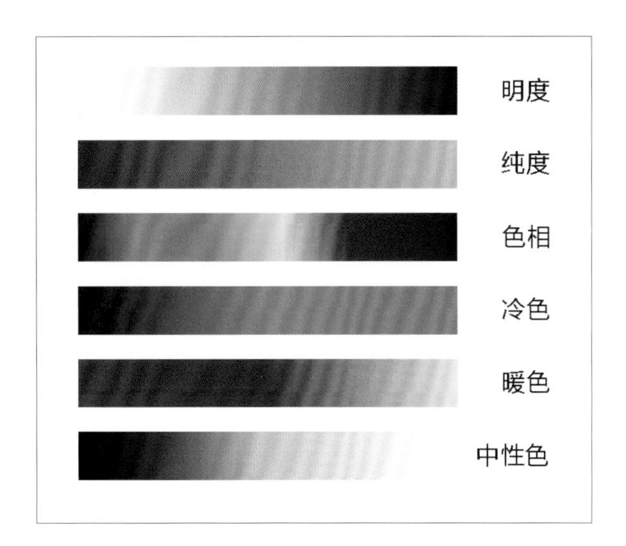

图4-3　色彩三要素和冷、暖、中性色图

（四）类似色和对比色

根据色彩在色环上相邻位置的不同，一般分五种色彩组合关系：邻近色、类似色、中差色、对比色、互补色。在实际的运用中，我们可以简单地把它分成两大类：类似色和对比色。也就是将色环中排列在60°之内的色彩统称为类似色，把成120°~180°的色彩统称为对比色。

类似色的搭配有一种柔和、秩序、和谐的感觉。对比色的搭配具有强烈的视觉冲击力。色彩的搭配可以吸引顾客视线，调节顾客的购物情绪（图4-4）。

第二节　展示色彩构成的运用

一、按色彩的明度排列产品

（一）渐变法

明度就是色彩深浅的程度，是色彩中一个重要指标。合理运用色彩的明度排列，可以使货架上的服装变得有秩序感。

明度排列法在卖场展示中简称为渐变法，就是将服装按色彩明度深浅依次排列。色彩变化从浅到深梯度递进，色彩的“声音”由弱到强增大，给人一种宁静、和谐的美感，这种排列法经常在侧挂、叠装陈列中运用（图4-5）。

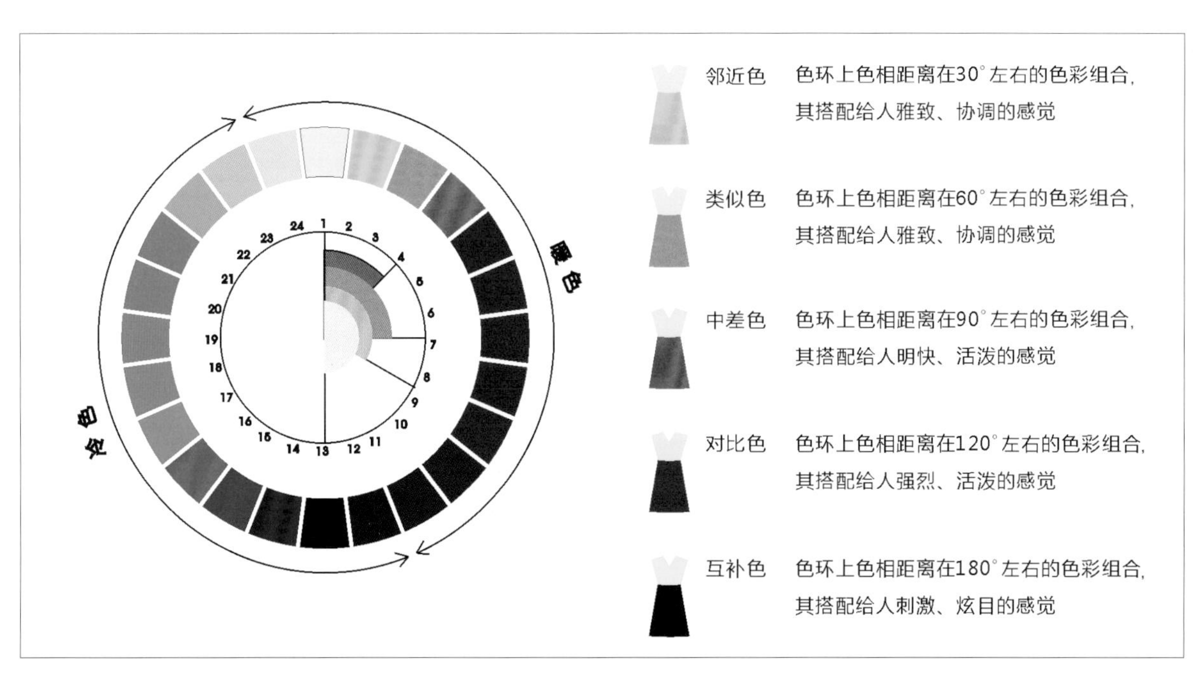

图4-4　色环及色相示意图

（二）渐变法的具体排列方式

（1）上浅下深：人们在视觉上有一种追求稳定的心理。明度深的色彩会给人一种重的感觉，明度浅的色彩给人一种轻的感觉，因此上浅下深排列方式会给人一种稳定和踏实的感觉。通常，陈列在多层层板上的折叠服装就采用这种排列方式。

（2）左浅右深：这种排列方式将服装按明度从左到右递进排列，在视觉上给人一种井井有条的感觉，也符合人视觉观察的路径（图4-6）。

二、按色彩节奏排列

（一）间隔法

卖场中的服装色彩组合如果过于宁静也会影响顾客的购物激情。因此我们在卖场中还可以将服装色彩按一定规律进行重复排列，使卖场充满生机和活力，激发顾客的购物情绪，也增加顾客在卖场中的逗留时间。

这种侧重于服装节奏感排列的方式，在卖场展示中简称为间隔法。间隔法利用服装色彩的深和浅、鲜艳和淡雅等不同组合形式重复排列，使卖场充满音乐的节奏感（图4-7）。

（二）间隔法的具体排列方式

1. 对称式间隔

从整体的色彩组合看，其最后的间隔效果中色彩呈对称排列。

图4-6　左浅右深的色彩明度梯度递进的排列方式，在服装侧挂陈列时被大量采用，它符合人们视觉上的观察路径，同时也给人一种和谐、平和的美感

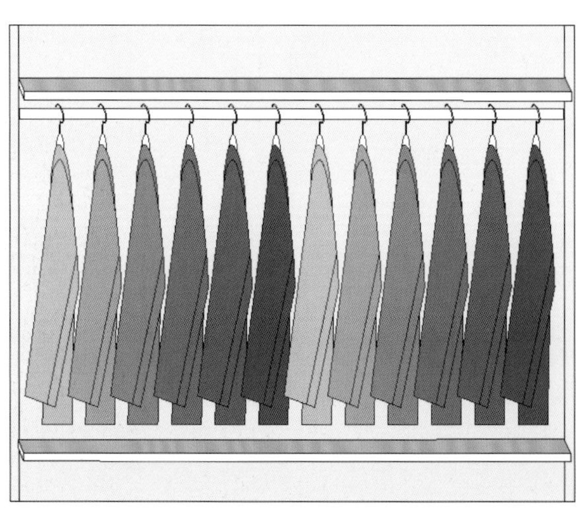

图4-5　叠装和侧挂陈列中的渐变法

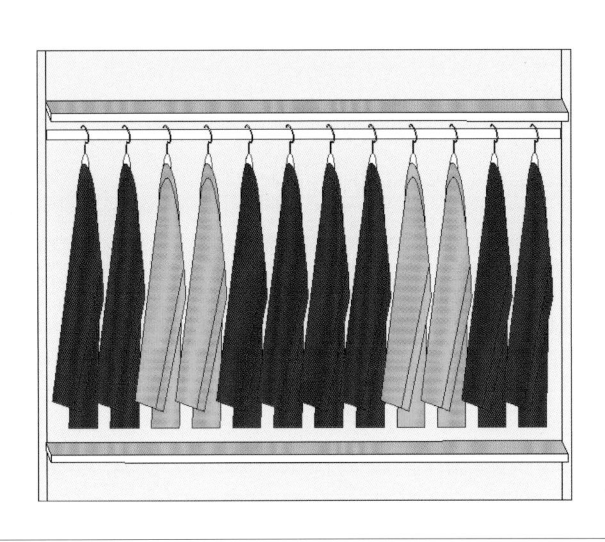

图4-7　叠装和侧挂的间隔法

2. 重复式间隔

从整体的色彩组合看，其最后的间隔效果中色彩呈重复排列（图4-8）。

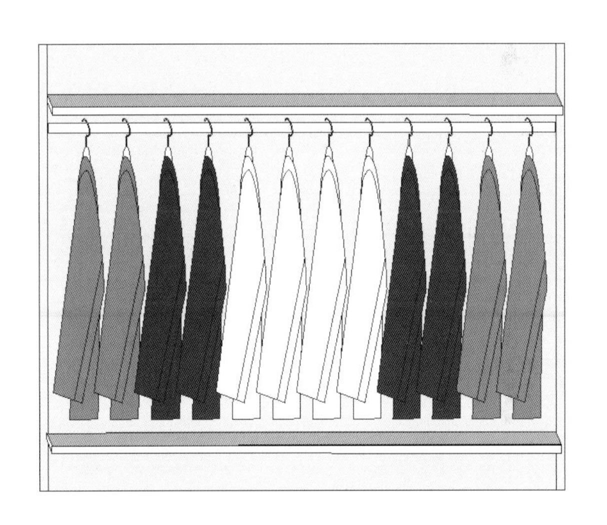
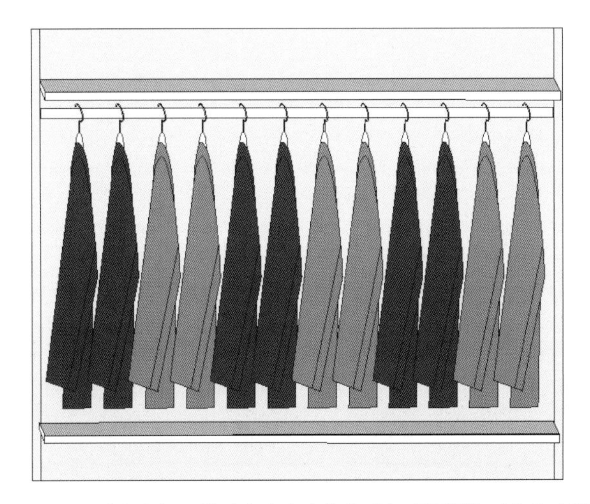

图4-8　对称式间隔排列方式（上）和重复式间隔排列方式（下）

（三）间隔法的运用

1. 单杆挂通的运用

在单杆的横挂通中，我们经常采用间隔法来制造色彩的节奏感。间隔排列法呈现一种韵律和节奏感，使卖场中充满变化，使人感到兴奋。同时由于间隔服装件数的变化，会使整个卖场节奏变得更加丰富多彩（图4-9）。

2. 陈列面的运用

在一个陈列面中我们可以以单个货柜为单位进行大的色彩规划。如：通过深－浅－深－浅的规划，或者鲜艳－淡雅－鲜艳－淡雅等色彩排列组合方式，使卖场的视觉变得丰富。

三、按色相的规律排列产品

（一）彩虹法

将服装色彩按色环上的红、橙、黄、绿、青、蓝、紫的排序进行排列，如同彩虹一样，所以也称为彩虹法。这种排列方式给人一种柔和、梦幻的感觉（图4-10）。

图4-9 红、黑、灰相间隔排列方式，使本系列的女装呈现出音乐般的节奏感

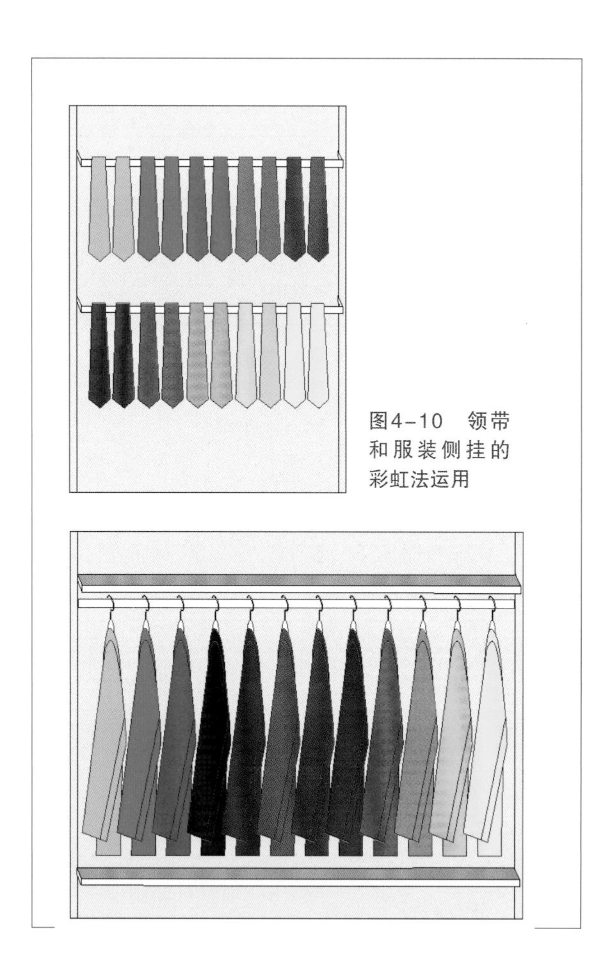

图4-10 领带和服装侧挂的彩虹法运用

（二）彩虹法的运用

由于服装在设计规划中对单款色彩数量的控制，因此彩虹法在卖场中出现频率较少。彩虹法如果利用得好，会起到很好的效果。在实际的使用中要根据服装的色彩灵活运用。如将彩虹排列方式分段组合。另外，领带、丝巾等配饰品由于其色彩比较丰富，也可以用彩虹法的方式进行组合来装点卖场（图4-11）。

图4-11 彩虹排列法

第三节　卖场色彩规划的方法

一、卖场色彩规划的意义

（一）有序的色彩排列，使卖场视觉变得有秩序

每个顾客都希望卖场有秩序感，对秩序的需求，也是人们心理上基于安全需求的另一种表现。一个有秩序的卖场，会让顾客在心理上感到安宁，对店铺管理产生信任感，同时方便顾客搜索产品，缩短购买时间。

要使一个卖场有秩序，除了对卖场中相对固定的货架、道具及通道进行有序的排列规划外，服装陈列的秩序感也非常重要。服装的陈列秩序主要是将服装按品类、款式、风格、价位、色彩等属性进行合理的布局。在服装各种属性中，色彩是最容易被顾客辨别和关注的，因此在服装卖场陈列规划中，应将色彩作为重要的考虑因素。

合理的色彩规划能使卖场在视觉上变得有序，使顾客在视觉上感到舒适。采用色彩优先的陈列规划方式，能使卖场视觉秩序效果起到事半功倍的作用。色彩优先法就是在规划时先按服装的色系进行分类，然后再考虑款式和类别等其他因素。目前，国内外服装品牌在进行卖场的陈列规划时，大都采用色彩优先的陈列规划方式（图 4–12）。

图4–12　按色彩优先的方式对图中三个货柜的服装进行分区规划，使顾客的视觉感受变得很清晰

（二）和谐的色彩规划能传递美感，引起顾客的购买欲望

服装作为现代文明的产物，其产品价值已经超越了物质的层面。消费者对美的追求，使色彩成为消费者购买服装时重要的考虑因素。服装色彩的美观与否，卖场的色彩规划起非常重要的作用。

虽然服装设计师设计服装时已经考虑到色彩搭配的协调性，但是在卖场中如果没有采用正确的陈列方式，如将两套色彩不协调的服装组合在一起，卖场总体的视觉效果也会大打折扣，从而影响服装的美感，影响顾客的购买欲望。

卖场色彩规划和服装设计的色彩规划不同，它不仅仅要考虑单套服装和一个系列服装色彩的协调性，更要考虑全场所有服装色彩的协调性。它不仅仅要将凌乱的服装色彩变得有条理，更重要的是呈现服装的美感，营造美好的消费体验，展示品牌价值，最后达到打动消费者购买的目的（图 4–13、图 4–14）。

（三）系列化的色彩组合带来连带销售

在有限的进店顾客中，增加更多的成交率，这种“挖潜”的营销方式是每个导购者经常考虑的问题。这里面除了导购技巧、品牌的影响力、产品设计外，对卖场服装色彩进行预先的系列化组合也非常重要。

图4-13　没有经过色彩陈列规划前，视觉上非常凌乱

图4-14　经过色彩陈列规划后，色彩分区清晰，视觉效果好，营造出了服装的美感

在卖场色彩规划时，将一个色系中不同色彩的服装进行有机组合，其连带销售的可能性就会高于没有进行色彩陈列组合规划的服装。因此，有意识的服装色彩组合将会获取更多的试穿率、更好的连带销售（图 4-15）。

二、色彩规划考虑的要素

（一）本波段的各个色系在卖场中的布局

服装的上市波段是指不同时间上市的时段，通常在每个季节中，服装品牌会分几个时段进行上市。

在每季的卖场中，通常有几个系列和主题的服装在同一时段一起上市。各个系列不仅主题不同，色彩组合也不同。多色彩共存于同一个卖场，是服装卖场的一大特点。因此，只有做好卖场的整体色彩规划，才能使不同的色系和谐地“共存”在同一个卖场中。多色系的卖场规划，也考验着一个陈列师全场的色彩控制和调配能力。多色系规划除要考虑各个系列营销上的推荐度，另外，还要考虑两个不同色系相邻陈列时的色彩协调性，最后在规划时进行综合和合理的安排（图 4-16）。

（二）前后波段服装色彩的协调

如果把卖场比作舞台，服装就如同演员。和舞台演出一样，卖场这个“舞台”一年四季都有不同的“演员”在此登台亮相。只不过和常规演出不同的是，卖场中的“演员”并不是等前一个节目演好后，才让下一个节目的“演员”上台，服装卖场采用的是渐进交叉式上市的模式。也就是前面一波服装还没有下市时，后一波服装就已经上市了。因此服装卖场中经常会出现 2 ～ 3 个波次的服装共存于一个卖场中的现象，这样也会使卖场的服装色彩变得复杂化。

在处理各个波次的卖场色彩规划时，陈列师就如同一个调度员一样，既要考虑同一波次中各个系列的色彩协调，同时又要考虑各个波次之间色彩的衔接。

图4–15　将同色系中相关的货品组合在一起，可以增加顾客连带购物的机率

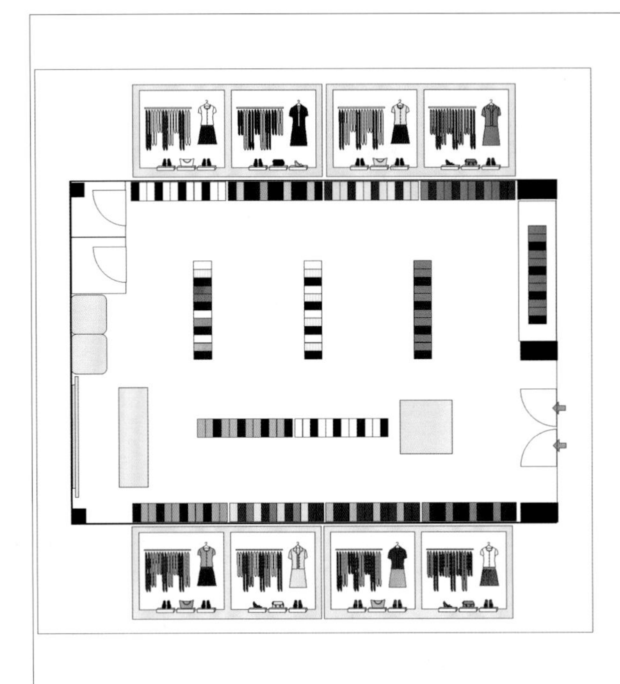
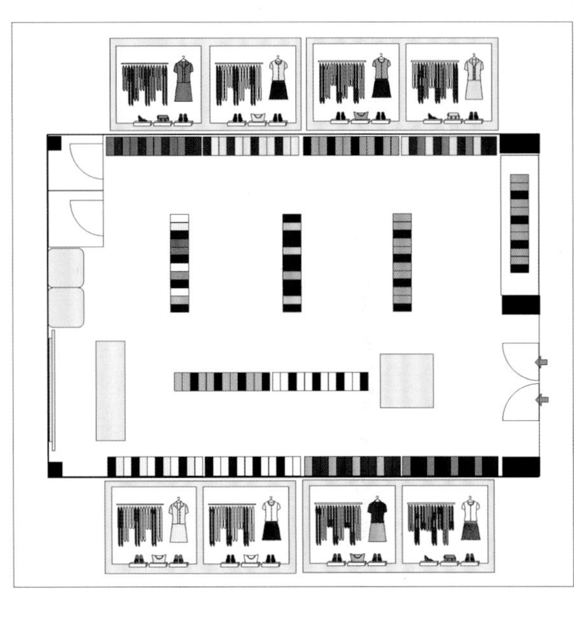

图4-16　卖场色彩平面规划图,可以直观地观察各系列服装色彩协调性

（三）卖场中色彩推荐的主次

服装品牌每个上市波次中通常有3～5个大色系，每个大色系中通常又有几个小色系。如果采用平均布局的方式安排这些色系，并且这些色系整个季节都一成不变地“呆”在一个固定的位置，那么卖场就会变得毫无生机，顾客也感觉不到整个卖场在主推什么色彩。

因此，通过有计划的色彩推荐计划，在不同时期，对卖场中某个色彩进行重点推荐，适当的扩大色彩的陈列面积，就可以使卖场中的色彩推荐变被动为主动，在视觉上传递给顾客流行和季节的变换，从而盘活了整个卖场的气氛。

（四）考虑市场的动态变化

服装是一种季节性非常强的商品，因季节、气候及等各种外部环境因素的影响，其销售也变得复杂化。因此在进行卖场色彩规划中要时刻关注这些变化，并及时做出快速反应。如：当竞争品牌在同一时段主推色和我方的原定计划相似时，我们可以采用差异化的战略，将另一个色彩作为主推色。在橱窗色彩规划上，同样可以采用这种手法。

其次，针对不同销售时段也可以采用不同的色彩计划。如：在每季开始时，可以将新品的主题色彩作为卖场主推色；在每个销售季节的中后期，则根据具体的销售状态，将一些库存较大的产品色彩作为主推色，来达到消化库存的目的；还可以通过新款和老款的色彩组合，来带动老款的消化（图4-17、图4-18）。

另外，针对不同的促销主题和节日，可以采用不同的色彩主题。如春节采用喜庆的色彩作为主推色，“五一”劳动节色彩规划可以考虑夏天的来临，采用一些清爽的色彩作为主推色。

图4–17　本季VERSACE品牌将红色作为主推色，红色产品规划在卖场最重要的视点

图4–18　本季该品牌将蓝色作为主推色，蓝色产品规划在卖场最重要的视点中。卖场色彩的灵活应变，可以使一个卖场充满变幻的魅力

第四节　卖场色彩规划的管理

一、预先做好沟通和资料搜集工作

卖场陈列色彩规划是店铺视觉营销工作中的一环，要很好地融入终端管理系统中，就必须在规划前期，做好和相关部门的沟通及资料的搜集整理工作。

（一）充分了解服装的设计主题和色彩系列规划

卖场陈列工作首先是为了更好地还原服装设计师的设计意图，其次是在此基础上通过合理组合和规划，为服装“增光添彩”。因此在做规划之前，必须要了解每季服装设计的风格、主题和色系等内容。在遵循设计方案的原则上，陈列师可根据各个店铺的实际情况，进行灵活组合和排列。

（二）充分了解销售部门上市计划和货品推荐计划

了解每一波次服装的上市时间，可以使色彩规划工作做到有条不紊。另外，对服装营销推荐分级的了解，可以使卖场的陈列方位规划做到主次分明。

（三）充分了解卖场布局和道具状态

了解卖场的布局和状态，有利于合理安排顾客动线，正确计算货品出样数。

二、由大到小进行服装陈列色彩布局

卖场的色彩规划要从大到小，按照卖场总体色彩规划——陈列面色彩规划——单柜色彩规划——单杆（单组）色彩排列的次序按排。这样才能使卖场既有整体感，同时局部里又有小惊喜。

（一）合理控制色彩面积

通常每个色系在货架上的陈列延伸线不宜过长。卖场中的色彩延伸线过长，顾客在行进线路上，色系一直没有变化，就会感到厌倦。反之色系变化过于频繁，也会使卖场变得凌乱。

（二）注意两个相邻色系之间的色彩协调性

在考虑卖场色系布局时，一定要考虑两组相邻色系之间色彩的协调性。有些冲突太强的色彩可以采用中性色加以间隔。

（三）大系列中分小系列，增加趣味性

为了增加卖场色彩的丰富性，可以在一个大系列中，再细分若干个小色系。这样可以使整个陈列面的色系既统一，又有变化。

三、全面把握卖场色彩平衡感

色彩明度深浅的不同，给人的心里感受也不同，明度深的颜色会给人一种重的感觉，明度浅的色彩会有一种轻的感觉。因此在卖场的色彩布局上，要考虑由于色彩深浅带来的视觉平衡感。如：一个货架中，左边色彩和右边色彩明度上相差太大，就会形成不平衡的感觉。另外如果卖场中的服装色彩一边深、一边浅，整个卖场也会有一种倾斜的感觉。因此，要使顾客在卖场体验到视觉上的舒适感，卖场中的色彩平衡感也非常重要。

掌握卖场色彩构成和规划基本方法和规律，可以使卖场在视觉上变得更有条理性，变得更加亮丽，从而用色彩来打动顾客，带来更多的销售额。

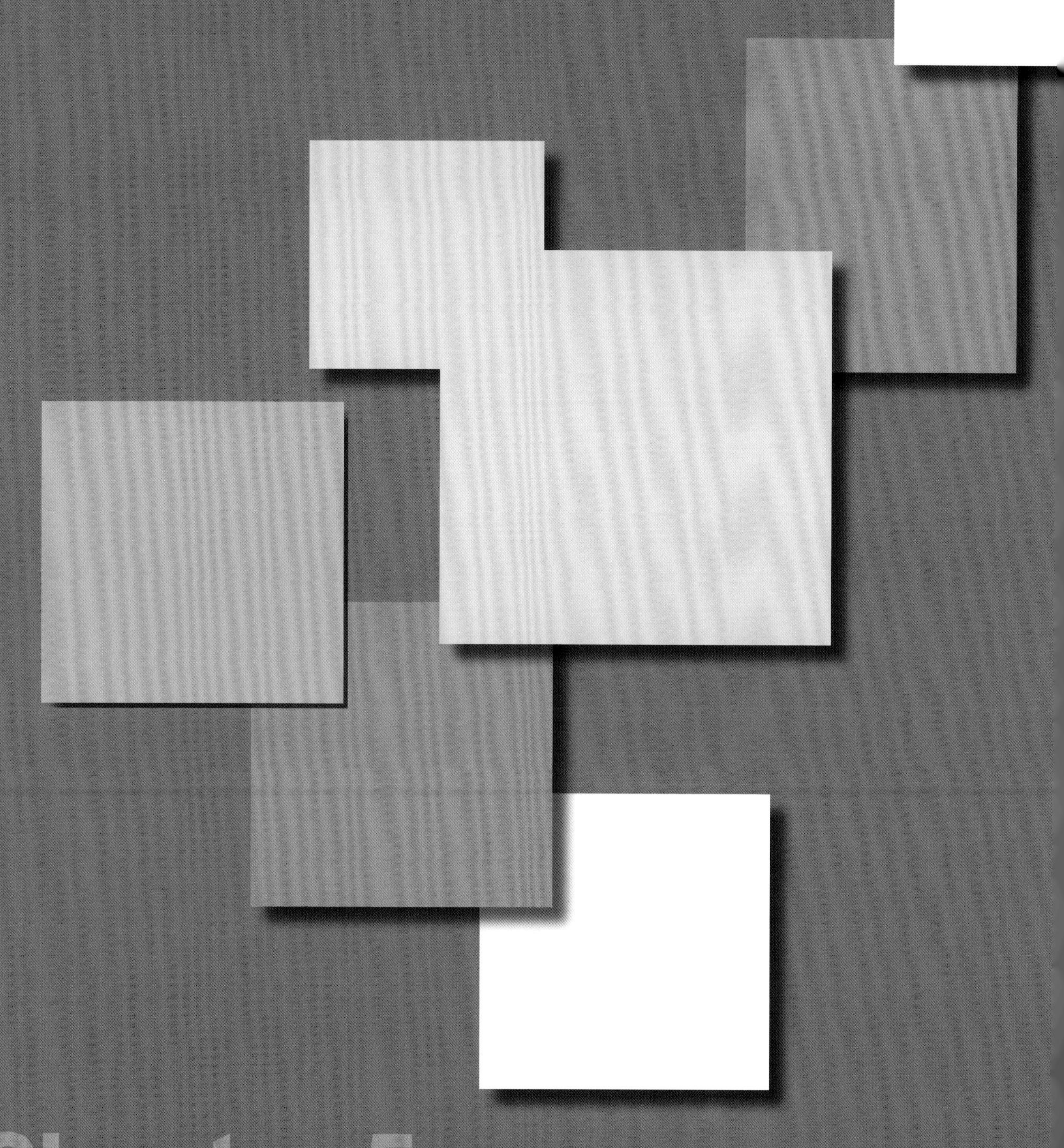

Chapter 5
第五章
服装展示橱窗设计
Window Display for Fashion

第一节　橱窗设计概念

一、橱窗的概念

狭义上的橱窗通常指位于店头用来展示商品的相对独立的玻璃窗。广义上的橱窗包括卖场中或展会中一个相对独立的展示空间。

如果把商店比喻成一本书，那么橱窗就是书的封面。假如一本书的封面设计得毫无吸引力的话，读者会有兴趣打开这本书阅读吗？橱窗作为卖场最重要的视觉点（Visual Presentation ）在卖场中扮演者重要的角色。

在欧洲，橱窗陈列已有一百多年的历史。人们已经习惯于看橱窗买东西。所以国外知名品牌对橱窗的设计都非常重视，不仅投入很大的资金，而且在橱窗的陈列上也做到一丝不苟。

二、橱窗的作用

橱窗承载着许多功能，针对对象和目的的不同，其作用也各有侧重。它主要有以下作用。

（一）吸引顾客

一个设计巧妙的橱窗，可以在短短几秒钟内吸引行人的脚步，说服消费者进店光顾。由于橱窗的直观展示效果，使它比电视媒体和平面媒体具有更强的说服力和真实感。其无声的导购语言、含蓄的导购方式，是卖场中的其他营销手段无法替代的（图 5-1 ）。

（二）告知销售信息

卖场和商业性的展会等活动是以销售商品为目的的，为了实现营销目标，橱窗设计师和陈列师通过对橱窗中相关元素的组合和设计，告知消费者产品信息、销售主题，激发他们的购买欲望，引导消费者进店。

（三）传递品牌文化

橱窗主题可以反映品牌的个性、风格和品牌文化。在服装品牌竞争越来越激烈的今天，许多国内的服装品牌开始重视品牌文化和终端管理，而橱窗设计作为产品促销及文化传播有力的“武器”，在终端已开始扮演越来越重要的角色，以展示品牌文化为主的橱窗，这一功能尤其重要。

图5-1　精彩的橱窗像一本书的封面一样吸引顾客

第二节　橱窗分类和设计原则

一. 橱窗分类

由于品牌文化、时段、传播目的、消费群，以及店铺设计等各种因素的不同，橱窗的设计也呈现千姿百态的效果，从装修形式、设计风格、季节时段、陈列形式、促销主题方面基本上可以分以下几种。

（一）按背景结构分

从橱窗的背景结构上分，橱窗可以分为封闭式橱窗、通透式橱窗、半通透式橱窗三个类别。

1. 封闭式橱窗

优点：由于相对独立的空间和灯光以及整个背景衬托，容易制造完整的视觉效果。缺点：看不到店铺内景，无法获知店内视觉信息（图 5–2）。

图5–2　封闭式橱窗

2. 通透式橱窗

优点：看得到店铺内景，可以获知店内视觉信息。缺点：容易受店铺的灯光和商品色彩的影响，对店内靠近橱窗的商品色彩规划有较高要求（图 5–3）。

图5–3　通透式橱窗

3. 半通透式橱窗

优点：综合了以上两者的优点。

缺点：由于兼顾双方，其效果又没有封闭式橱窗和通透式橱窗来得极致（图 5–4）。

图5–4　半通透式橱窗

（二）按传播目标分类

传播目标的不同，使橱窗在主题和构思上也会有很大不同。有些橱窗偏重于销售信息的传播，有些更多在传递品牌文化，有的则兼顾两者。从传播目标基本上可以分为以下两类。

1. 注重销售信息的橱窗

这种橱窗的设计手法效果明显、直白。强调销售的信息，采用比较直接的营销策略，除了服装的陈列外，还会布置一些 POP 海报，追求立竿见影的效应。其主要适用于卖场中在短时间内提升营销效果的活动。如打折、新货上市、节日促销等活动。这些手法比较适合对价格比较敏感的消费群，常在中低价位的服装品牌中使用。

2. 注重品牌文化的橱窗

这种设计通常表达方式比较含蓄，格调也比较高雅。更多强调品牌文化的传达，橱窗里商业的信息较少。主要追求日积月累的宣传效果，巩固品牌的美誉度和打造品牌的潜在消费者。这种设计思路通常用于展会展示和中高价位服装卖场中，主要针对注重品质感和体验消费的消费群。

在商业性的橱窗中，这两种风格往往是结合在一起的，只不过侧重面不同而已。

（三）按设计风格和主题分类

橱窗设计师们从各种绘画和艺术的设计风格中汲取广泛的营养，使橱窗的设计风格变得千姿百态、缤纷多彩，大体上可以分为以下一些类型。

1. 按设计风格分类

橱窗的设计风格有很多，大概可以归纳为抽象式和具象式（情景式）两大类（图 5-5、图 5-6）。

2. 按设计主题分类

新品发布（包括四季新品）、节庆（劳动节、元旦、春节）、公益活动、打折等（图 5-7）。

二、橱窗设计的原则

（一）和卖场主题形成一体

橱窗是卖场的一个组成部分，因此在风格、造型、色彩整体风格上都要和卖场中的服装主题相吻合。在实际的应用中，有许多陈列师在陈列橱窗的时候，往往会忽略了卖场的陈列风格。结果我们常常看到这样的景象：橱窗的设计非常简洁，卖场里面却非常繁复；或橱窗设计非常现代，卖场里面却设计得很古典。

另外，橱窗的功能就如同一个电视剧的预告，橱窗预告的信息应该和店铺中的商业活动相呼应。如橱窗里是“节日促销”的主题，店堂里陈列的主题也要以促销为主，以配合销售的需要（图 5-8、图 5-9）。

（二）设计主题要简洁鲜明

如果将一条大街比做一部电视剧的话，一个店铺的橱窗就如同电视剧中短短的一段镜头，稍瞬即逝。因此，做橱窗设计时设计主题一定要鲜明，传递的信息不能太多，主题鲜明简洁

图5-5　具像式（情景式）橱窗

图5-6　抽象式橱窗

图5-7　ZARA品牌以打折为主题的橱窗

图5-8、图5-9　店头橱窗和卖场里的活动相呼应

才能让顾客了解橱窗设计的意图，从而吸引顾客进店。

第三节　橱窗设计元素

橱窗主要结构由人模、道具、前景和背景三大部位构成。每个橱窗根据设计需要的不同，通常会采用不同的构成元素，最常见的由人模、服装、道具、背景、灯光几种元素组成。

橱窗的设计手法有多种多样，根据橱窗尺寸的不同，我们可以对橱窗进行不同的组合和构思。只要掌握了橱窗的基本设计规律，就可以从容应对一些大型橱窗的设计。

一、人模展示设计

目前，国内大多数服装品牌销售终端的主力卖场，主要以单门面和两个门面为主，橱窗的宽度也基本在 1.8 ~ 3.5 米，橱窗的深度在 0.8 ~ 1.0 米。中小型的橱窗基本上都采用两个和三个模特的陈列方式。

人模和服装是橱窗中最主要的两种元素，这两种元素也决定了橱窗的基本框架和造型，因此学习橱窗的陈列方式可以先从人模的组合排列方式入手。

对人模进行不同的组合和变化会产生间隔、呼应和节奏感。不同的排列方式会给人不同的感受。

（一）人模组合设计

人模的组合变化主要有以下形式：

① 横向距离的变化（图 5–10、图 5–11）。

② 前后位置的变化（图 5–12、图 5–13）。

③ 模特身体朝向的变化（图 5–14）。

（二）人模着装设计

如果说橱窗是一个卖场中灵魂的话，那么橱窗里的服装则更是重中之重。橱窗里所有的道具和装饰品应该围绕着服装而展开。

橱窗中的人模着装应考虑以下方式：

① 同一橱窗里的模特服装色彩要遥相呼应，使整个橱窗形成一体。这样可以使橱窗风格和色彩更加协调，加大视觉冲击力。

② 服装在选择时可以在长短、大小上有变化，使服装由于面积变化带来视觉上的丰富性。

③ 服装的色彩位置排列应有意识地进行上下不同位置的排列，增加色彩错落的效果（图 5–15 ~ 图 5–17）。

图5–10、图5–11　前后在同一条线上的排列。改变其横向的距离会获得不同效果

图5–12　改变其前后位置，也会获得一种空间感（左）

图5–13　横向和前后的位置均不同，使模特的排列发生趣味性的变化（右）

图5-14 身体朝向变化不同，位置的不等距，使整个组合变得更丰富

二、道具和装饰物设计

（一）立式道具

立式道具主要是指放置在地台上的各式功能性道具和装饰物。功能性道具主要是用来摆放服装或装饰品，兼具功能性和装饰性。纯装饰道具，其功能主要是配合橱窗主题，起到丰富橱窗的效果（图 5-18）。

立式功能性道具和装饰物其材质也非常丰富，包括木质、有机玻璃、金属等各种材质。设计和造型根据橱窗总体风格的需要，也分为基础功能道具、仿真道具、抽象造型道具等（图 5-19、图 5-20）。

图5-15 ~ 图5-17 橱窗模特服装色彩的呼应，使橱窗风格协调，同时视觉冲击力更强

（二）前景和背景设计

前景和背景的设计也是橱窗中的一个重要设计手法。前景主要是指橱窗中的玻璃上的装饰物或张贴物，背景主要是位于橱窗最后面的背板上一些张贴物或造型。由于其面积比较大，对橱窗的装饰效果也起到重要的影响。

① 海报背景（图 5-21）。

② 立体构成和装饰物背景（图 5-22）。

③ 实景模拟背景。

④ 玻璃贴：包括不干胶贴纸、喷绘等（图 5-23、图 5-24）。

⑤ 悬挂式装饰道具悬挂式装饰道具通常吊挂在橱窗的天花板或轨道上。造型分自然和抽象等类型，材料包括有机玻璃板、雪弗板等。也有些橱窗直接采用配饰品和服装来作为悬挂物来达到装饰的效果（图 5-25、图 5-26）。

⑥ 其他。

第四节　橱窗综合设计手法

一、服装品牌元素的运用

（一）品牌文化元素的运用

运用本品牌标志或延展图形或品牌故事设计橱窗，通过重复的手法，加深消费者对品牌的认知，树立独特的品牌风格形象，以区别于其他品

图5-18　功能性道具首先考虑商品摆放尺度的合理性，其次考虑装饰效果

图5-19　家具是仿真道具最常用的元素，它可以发挥道具的功能性，又可以制造家庭的情景效果

图5-20　有机玻璃制造的功能性道具，既可以放置配饰品，又可以凸显品牌的时尚感

图5-21　用海报作背景是橱窗中最常用的方式，简单方便

图5-22　用装饰物作背景

图5-23　前景采用透明的喷绘产生了在水中的感觉

图5-24　前景玻璃采用即时贴

图5-25　绳索悬挂式橱窗

图5-26　绳索悬挂式橱窗（学生作品）

牌。这种形式在很多国际品牌中采用，如路易威登（LV）、迪奥等国际品牌（图 5-27、图 5-28）。

图5-27、图5-28　迪奥品牌元素在橱窗中的延展运用

二、服装系列主题元素的运用

这类设计手法可以从本季的服装和主题中提炼主题故事以及服装的色彩、造型等设计元素应用在橱窗中，和服装设计融为一体，更好地反映本季卖场的设计主题（图 5-29）。

图5-29　橱窗的背景和女装的设计主题相呼应

三、各地区文化元素的运用

（一）中华文化运用

中国几千年的灿烂文化留给我们无数的设计灵感和设计元素。因此在橱窗中汲取一些民族元素，既可以弘扬和传承民族文化，又可以为本土的民族品牌注入更多的文化内涵。

对民族文化的运用不要流于表象，特别是在当今的时尚潮流中，民族的元素要赋予新的时代感，这样才能和时代潮流接轨。设计手法可以采用从民族的设计元素中抽取一些概念性的元素，重新组合（图 5-30）。

（二）欧美文化运用

欧美地区也是现代服装工业的发源地。欧美文化是对包括了欧洲和美洲等众多文化风格的统称。欧美文化也根据不同的年代、地区、文化种类分为许多不同的风格。如洛可可、巴洛克、波西米亚、包豪斯风格等（图 5-31）。

（三）东西方文化交融

“世界是平的！”在信息发达的今天，文化的交融将比任何一个时代来得更加频繁。

近几年随着亚洲地区经济的迅速崛起，东方文化也逐渐被世界的时尚界所青睐。来自时尚的中心——巴黎的时装秀和街道的橱窗中，越来越多地看到东方元素和西方文化的交融。在西方，设计师们从东方的文化中汲取养分，并使之转化成时尚。

在东方，设计师将西方的构成元素运用到

图5-30　东方文化的运用（学生作品）

图5-31 欧美文化的运用（学生作品）

服装和橱窗中，创造出既有东方特色又有强力时代感的橱窗（图5-32）。

四、季节及商品促销为主题的运用

以促销为主题的橱窗，其设计要素要和营销主题相一致，重要的是传达商品和促销信息。

（一）季节性橱窗

侧重新产品的推广，突出每个季度的流行色彩和品牌新季的主题风格，从而宣传品牌的文化。

（二）节日橱窗

侧重产品的购买力，通过营造节日氛围，于无声中增强品牌的宣传度，从而捕获人们节日的购物心理，达到更高的销售额。

图5-32 KENZO的橱窗

第五节　橱窗设计步骤

一、拟定橱窗传播目标

首先拟定橱窗的传播目标。如是以传递销售信息为主，还是以品牌文化为主，以确定橱窗的大体设计走向。

二、寻找素材和灵感

广泛寻求橱窗的设计素材和灵感。这种素材和灵感，可以在国际品牌的橱窗设计中得到启发；也可以是一些姐妹的艺术，如绘画、戏剧和音乐；或是一些偶发的，如一些生活体验、风景都有可能成为设计的一部分。另外还可以从一些装饰材料、面料中获得设计的灵感（图 5–33）。

三、构思初稿

有了基本设计方向和灵感素材后，接下来可以用手绘的方式构思初稿。手绘的方式可以使设计思维更加活跃和流畅，而且还可以发现一些意外设计思路。这也是很多服装设计大师和汽车设计大师为什么在科技发达的今天，在设计初稿时还始终保持手绘的原因。

在设计初稿时，要大胆的发散思维，可以有一些风格和思路迥异的方案。

四、修改和定稿

进入本阶段，设计的思维慢慢变得理性和条理化。在众多的设计方案中要学会取舍。橱窗设计方案的造价、可实施性都将是本阶段要考虑的问题。在本阶段还可以用讨论会的形式广泛听取公司各部门意见和建议。经过几轮的设计图和小样试制修改后，最后确认最终定稿实施方案。

品牌的店铺数量较多，且面积大小类型不同的话，可分别设计大、中、小不同的橱窗，以观察不同效果（图 5–34、图 5–35）。

五、制作实际样板橱窗

根据最后设计稿，按一比一的比例制作实际样板橱窗。从实际的样板橱窗中再次检测橱窗的技术和视觉效果。实际制作的橱窗可以选择中型的橱窗（图 5–36）。

六、制定推广和实施说明

完成实际的样板橱窗搭建后，就可以将实

图5–33　橱窗设计——寻找素材和灵感（学生作品）

图5-34　橱窗设计——定稿（学生作品）

际样板橱窗进行拍照。同时还应绘制橱窗搭建分解说明。搭建说明应通俗易懂、图文并茂。有不同大小的橱窗，应分别标明大、中、小的橱窗搭建说明。

橱窗是品牌文化最好的展示载体之一。在未来的竞争中，中国服饰品牌要拉近与国际知名世界品牌的差距，最主要的途径是提升品牌的文化内涵。因此，从这个意义上来说，橱窗承载着重要的作用。

橱窗设计是一门艺术，又蕴含着商业信息。橱窗在现代社会中不仅仅承担着对季节感知和时尚的传播的作用，同时也承担着一份社会责任感和人文关怀，街边的橱窗就如同一幅幅立体的图画和一双双“眼睛”，映照出一个城市的文化，也传递着时代文明的气息（图 5-34 ~ 图 5-36）。

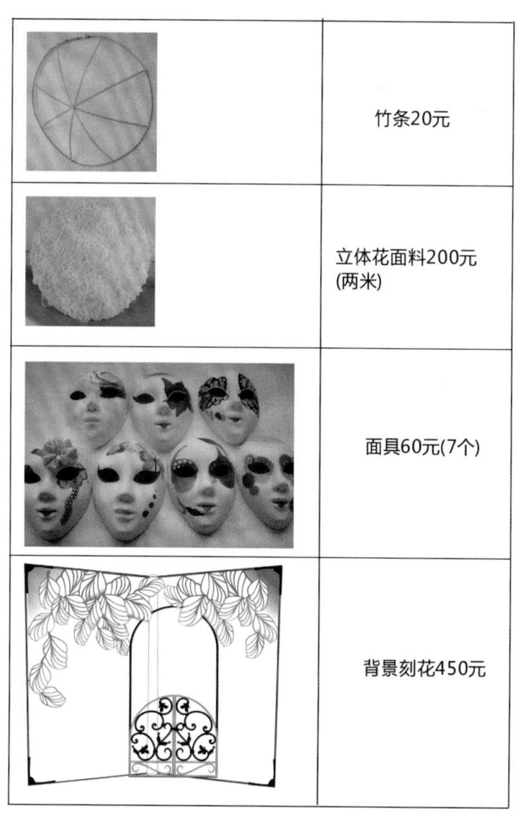

	竹条20元
	立体花面料200元(两米)
	面具60元(7个)
	背景刻花450元

图5-35　橱窗设计——材料及价格预算（学生作品）

图5-36　橱窗设计——实际样板（学生作品）

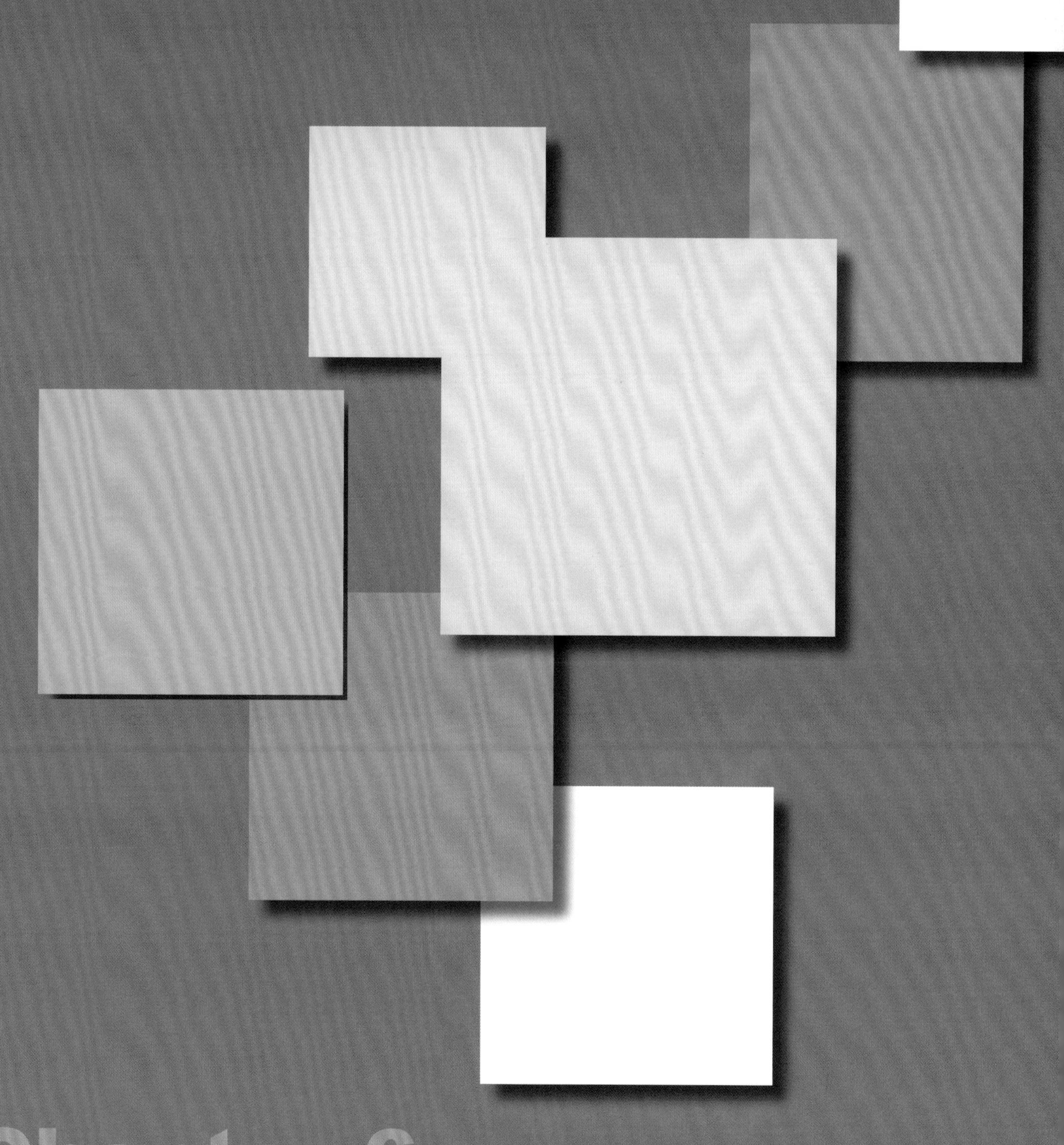

Chapter 6

第六章
服装卖场展示照明

Lighting and Illumination for Fashion Stores

第一节　卖场展示照明概念

近几年随着消费者对卖场环境和氛围要求的不断提高，从而也对卖场照明提出更高的要求。照明是卖场展示的重要组成部分，对营造卖场氛围有着特殊作用。

不同的照明效果带给消费者不同的视觉和心理体验，也影响着消费者进店和购物的愿望。因此，充分了解照明的功能和特点，有利于更好地营造卖场氛围，科学地规划卖场照明。

一、展示照明的作用

（一）塑造产品形象

正确的照射角度和光源设置，可以增强产品的立体感，使产品更加生动（图 6–1）。

（二）突出卖场重点

在卖场中通过不同亮度的照明设计，使光亮区域的重点产品成为卖场中“抢眼”的视觉中心，从而达到用光效来对卖场中的商品进行不同侧重的推荐。

（三）营造卖场氛围

通过照明可以“编织”光影效果，形成卖场的光影和节奏感，增加卖场视觉上的动态变化，使展示空间变得更加生动。

二、光学基础知识

（一）光的基本原理及分类

光作为以电磁波形式存在的一种能量，由一个物体辐射出来。这种能量辐射是以直线形式存在的，因此称为光线。我们把这种能发出一定波长电磁波的物体，称为“光源”。“光源”

图6–1　正确的照射角度和光源设置，可以增强橱窗中人模和服装立体感。在光影下，一个简约的橱窗也可以变得富有魅力

分为自然光源和人造光源。自然光源如阳光、月光、星光等；人造光源常见的有荧光灯、钨丝灯和气体放电灯等。

自然光能最佳地展示产品的造型、色彩、材质等效果。目前人造光还无法取代自然光的光影效果。当然，自然光也有一些缺点，就是会受到空间、时间等条件的制约。特别是在卖场内部，获取自然光或进行光线的调控都显得非常不便。

人造光由于具备自身发光并且可控性的特点，正好弥补自然光的一些不足之处。并且，伴随着照明技术的发展，人造光的光效和相关指数也越来越接近自然光。人类在不断的探索创新中，照明灯具也在日新月异地发展着。

了解光学基础知识和照明原理，对于把握服装卖场展示空间氛围、橱窗等展示效果具有重要的意义。

（二）光学参数概念

① 光亮度：光源发出光的强度称为光亮度，单位为烛光（cd）。

② 光通量：光源每秒发出可见光的总和，单位 LM。

③ 照度：照度是指在一平方面积上，均匀分布着流明的光通量而达到的照明程度，单位为勒克斯（Lx）。照度的规律是，距离越远照度越小。

④ 光效：光源每消耗掉一瓦电能发出多少的光线。一般用 lm（流明）/w（瓦）表示。

⑤ 显色性：光照射到物体上，呈现物体颜色的真实程度，显色性越高，则对颜色的表现越好，用 Ra 来表示。

⑥ 色温：就是光的颜色。物体辐射温度，以开尔文表示（K）。低色温为暖色，高色温为冷色。

⑦ 光束角：指某灯具或某光源射出光线的最大中心最大光强 1/2 处的夹角为光束角度。是光源发射出光线的集中程度的一个参数，光束角有 10°、24° 和 40° 不等，光束角越小，说明光线越集中，适合于突出表现重点产品，了解和掌握光束角对于空间的照明层次感和氛围营造起到相当重要的作用（图 6–2）。

三、灯具的分类与选择

（一）灯具的分类

根据灯具中发光源的发光原理和灯具的安装形式可以分为以下几类。

1. 按发光原理分类

按发光源的发光原理，可以将灯具分为热辐射光源、荧光粉光源、气体放电光源、原子能光源、化学光源等。卖场中常用的光源是荧光粉光源（荧光灯）和气体放电光源（金属卤化灯）等。

2. 按安装形式分类

按灯具的安装形态，灯具可以分为嵌入式灯、轨道灯、暗槽式灯、吊挂灯、吸顶灯，台面灯等。常用的灯具主要有嵌入式灯、轨道灯、暗槽式灯和吊挂灯等。

（1）嵌入式灯

是指在卖场天花板中，采用嵌入安装方式的灯具统称。特点：简洁、美观。被许多国内一线品牌和国际品牌选用。嵌入式灯又分为嵌

图6–2　集束光可以使消费者视线更加集中，也容易制造一种剧场式的效果。常在服装橱窗和珠宝品牌的橱窗和货柜中采用

图6-3 嵌入式灯由于其简洁、美观，在卖场中被广泛使用

入式筒灯和单体或组合嵌入式灯两种，通常以三基色荧光灯和气体放电灯作为发光源，主要用于卖场的基础照明（图6-3）。

（2）轨道灯

是指灯具安装在相应的金属轨道上，通过轨道来供电、发光的灯具。轨道灯通常配备灯具和轨道组合，根据其作用还分基本照明灯和轨道重点射灯两种。轨道灯特点是光源指向性强，可以随时根据需要调节光源照射的角度，具有一定的灵活性，主要用于卖场中局部的重点照明和橱窗中的照明（图6-4）。

（3）暗槽式灯

暗槽式灯，俗称隐形灯，灯具通常安装在吊顶和墙体的凹槽里，主要以荧光灯或者LED灯作为发光源，通过光源的反射和漫射原理对展示空间起到照明作用。特点：发光源比较隐蔽，光线均匀柔和，没有明显阴影，不易产生眩光，兼顾氛围营造和基础照明两种功能（图6-5）。

图6-4 轨道灯在橱窗中的运用

图6-5 暗槽式灯光线均匀柔和，兼顾氛围营造和基础照明两种功能

（二）灯具的选择要求

卖场中主角是产品，卖场照明是为了更好地展示产品和营造氛围。和家用照明常常要考虑灯具的装饰性不同，卖场灯具通常不应将装饰性作为重点考虑。因此，除少数用于卖场特殊效果的装饰性灯具外，卖场主要照明灯具造型应简洁、时尚。灯具中光源的选择要比灯具造型选择更为重要，通常灯具光源选择应考虑以下要素：

① 光源要求长寿命、高光效、低功耗，符合国家相关生产规定及标准。

② 色温应适合卖场产品的设计风格。如采用不同色温、同种光源色温差值不能大于200K。

③ 显色性应能充分展示卖场中产品的效果，可以更好地表现产品的良好品质。

④ 对光较敏感的一些服饰货品，应尽量避免长时间照明使货品变色、褪色和老化。

第二节 卖场展示照明分类

卖场的照明方式可以从光源的光位、照射方式和照明的功能进行分类。

一、按不同的光位分类

卖场照明由于光源的照射角度和方向的变化，会使被照射物体产生不同的明暗变化。同一个物体在不同光效中，会产生不同的视觉效果。熟练地调控和把握光的变化方式，可以表现产品的不同立体效果、质感和层次感，使产品更加生动。

要把握好这种效果，首先要合理地安排好光源的光位。光位是指光源相对于被照明物体的位置，就是光线的照射方向与角度。调节卖场中灯具的照射角度，会使服装产生不同的明暗造型效果。通常情况照射角度太正和太偏，产品的立体感都比较差。因此，把握好照射角度时不仅要把握好光照与产品的角度差，还要把握好光照与展示产品的距离。

光的照射产生的光与影，作为一个事物的两个方面，它们既对立又彼此密不可分。阴影能够表现出物体或空间立体感、进深感以及时间概念，有时甚至成为有效的装饰手段。因此设计光亮其实也就是设计阴影。

卖场照明按光线的照射角度主要分以下几种：

（一）正面光

光线来自产品的正前方。被正面光照射的产品表面会有明亮的光照感，能从平面上完整的展现产品的色彩和细节。但是立体感和质感较差（图 6–6）。

（二）前侧光

指前侧上方约 45° ~ 60° 方位投射过来的光照。这是橱窗陈列中最常用的光位，也是展示空间内正挂出样服装和模特照明的理想光位，前侧光照射使模特和服装层次分明、立体感强，因而，在服装展示空间中会被大量使用（图 6–7）。

（三）正侧光

又称 90° 侧光，是从展示体侧面照射过来的光，使被照射的展品呈现出明、暗的强烈对比。也就是所谓的阴阳脸，展示中一般不单独使用，只作为辅助用光（图 6–8）。

（四）顶光

光源来自货品的正上方，这样的照明方式具有集中强化展示被照射物体的功能，在服装展示空间中适合于服饰配饰的照明或者空间内的基础照明。这种照明会在模特脸上出现浓厚的明暗分割效果，特别不适合用于模特的照明，

图6–6　正面光

图6–7　前侧光

图6–8　正侧光

图6-9　顶光

同时，在试衣区，消费者的头顶也一定要避免采用这样的照明方式，它会大大影响消费者的穿着效果与试衣乐趣（图6-9）。

二、按照射方式分类（图6-10）

（一）直接照明

直接照明是指将光源直接投射到货品或者空间物体上，以便充分地利用光通量的照明形式。其特点是光线照明直接、对比度强、照度高、消耗小、但容易产生眩光。

（二）间接照明

这种照明方式是发光源通过挡光板或者将光线投射到天花板或墙面上，再反射到陈列面上的照明方式，其特点是光线均匀柔和、含蓄、照度适中等、消耗中等、没有眩光。

（三）漫射照明

这种照明形式用半透光的灯罩罩住光源，能使光线均匀地向四周漫射。其特点是光线均匀柔和，照度小、消耗大、没有眩光。

三、按照明功能分类

卖场照明从功能上划分，可以分为基础照明、重点照明、装饰照明三种。

（一）基础照明

基础照明就是提供空间的基本照明，通过照明照亮卖场整个空间。通常以天花板上的灯具为主，采用嵌入式、暗槽式和吸顶式等照明方式进行照明，使卖场内灯光的色调保持统一，

直接照明

间接照明

漫射照明

图6-10　照射方式

保证卖场基本的视觉需求。

（二）重点照明

重点照明主要针对卖场内的某个重要物品或空间的照明。卖场中的重点是产品，所以重点照明也可以理解为产品照明。

光能突出重点，明暗对比的强化能把产品的造型和细节表现出来，形成“抢眼”的视觉中心，还能产生戏剧性的艺术效果。

重点照明主要是采用射灯照明方式为主，而在照明的作用过程中，要特别注意射灯的角度及与产品的距离。

（三）装饰照明

装饰照明的主要功能是营造卖场中的氛围，加强卖场中的消费体验。通过卖场中光与影的设计以及光在各种不同材料产生的反射，制造卖场中光影有节奏的变化。同时通过装饰照明制造卖场的亲和力、氛围和格调（图6-11）。

第三节　卖场展示照明运用

在卖场展示中，光的作用不仅仅是单纯地照亮产品和卖场、满足人的基本视觉功能需要，同时光还可以构建不同的空间、渲染气氛、使卖场的视觉形象更加丰富和完美。

一、展示照明设计原则

（一）美化商品

光能塑造产品的造型、层次感、立体感。可以强化产品的质地、色泽。 卖场展示照明应以美化产品的展示效果为前提，创造更多照明表现手法。

（二）吸引消费者

卖场照明设计的目的，不仅仅是简单地照

图6-11　卖场的两侧货架上方采用重点照明，突出商品，中间采用柔光大型灯具的间接照明兼顾基础照明和装饰照明，使卖场变得更加温馨

亮整个展示空间，而是要通过科学的照明设计规划，引起消费者对卖场空间和产品的注意力。从而达到吸引消费者、提高消费者进入展示空间机率，引起消费者购买的欲望。

（三）符合品牌定位

不同的品牌，对卖场照明有不同的要求，大众式的中低档品牌为了带来更大的客流量，加快消费者的购物速度，通常卖场的照度较高。高端的品牌，为了制造个性或卖场神秘感，通常基础照明的照度比较低，用重点照明突出商品的高贵感。因此，在卖场照明规划中必须根据不同的品牌进行设计。

（四）可实施性

卖场展示照明应在方案设计阶段，预先分析卖场内外的环境、卖场空间的结构和材料，了解卖场各区域的功能与照明的需求以及相应的卖场装修投资预算，进行合理的照明配置方案，整个照明方案应考虑可实施性。

二、卖场的分区域照明

（一）店头照明

店头是消费者从远距离获取和识别卖场的第一个视觉信息，是卖场展示空间规划的一个至关重要环节。特别在夜幕降临时，好的店头照明设计可以使其从众多的店铺中脱颖而出，发挥出较强的市场效应。

店头照明受空间、照明技术和品牌定位等各种因素的影响，其照明功能、照明技法和照明灯具的选购也呈现多样性。照明方式有以下几种：① 在店招上方或下方采用伸支架形式用泛灯灯具进行照明。② LOGO、图案、文字采用 LED、霓虹灯或荧光灯等灯光源以内发光、侧发光或背发光、描边形式进行照明（图 6-12、图 6-13）。

图6-12　店头文字采用背发光照明

图6-13　店头招文字采用内发光照明

图6-14　在橱窗中采用不同位置的照明可以增加橱窗光线的趣味性

（二）橱窗照明

橱窗是店铺中的灵魂，其照明方式应从如何吸引和激起消费者的视觉兴奋点为目标。橱窗照明应通过巧妙的灯光设计，使橱窗更加立体和生动，从而形象地传递品牌的信息和文化。

橱窗照明的灯具主要有固定式或轨道式射灯、嵌入式筒灯等。其中轨道式射灯由于可以灵活调节方向和距离，满足橱窗内人模不同位置和组合变化，是目前橱窗中采用最多的照明形式。

图6-15　货架照明

橱窗照明通常将灯具装在模特的前上方，为了使橱窗的光线变化更加丰富，目前一些国际或国内高端品牌还在橱窗的侧面安装灯具，以多角度的照明使橱窗照明更加生动化（图6-14）。

（三）入口照明

入口处是消费者进店的地方，照明充足的入口处照明设计，可以吸引更多的消费者进入。入口处通常安装嵌入式筒灯，光源主要以荧光灯为主。

流水台是入口处的重要组成部分，因此其照明也至关重要。流水台由于摆放位置比较灵活，移动性强，为了适应其位置多变的特点，通常在流水台的上方设置用窄、中光束射灯的重点照明，对流水台和边上的组合模特进行照明。

（四）通道照明

卖场通道消费者流动量较大，根据卖场空间大小及通道的宽窄，应选择相应的照明方式，以满足不同消费者的视觉需求。卖场通道的照度值通常不能低于200Lx，同时要求具有一定的光照均匀性。常用的灯具有嵌入式筒灯、隐形灯等，大型服装卖场还应根据要求设置安全指示照明。

（五）货架照明

货架照明手法根据产品的不同，可以灵活采用不同的照明方式。对于一些平面性较强、层次较丰富、细节较多、需要清晰展示各个部位的产品，可利用漫射照明或漫射与点射交叉性的照明手法，来消除阴影造成的干扰，突出展品的陈列细节。需要突出立体感的服装，则可以用主、辅光束进行组合照射，以取得既照明产品细节又突出立体感。

货架照明灯具应有较好的产品显色性，中高档的服装卖场除了可以采用主光束进行重点照明外，还可以在货架内顶部安装嵌入式射灯或配置隐形荧光灯加强环境照明，以取得弱化背影，凸显产品的效果（图6-15）。

（六）试衣区照明

试衣是消费者决定购物的重要环节，试衣区共照明设计也十分重要。为了保证消费者试穿服装时的效果，试衣区的照明设计上应有极好的垂直照度及显色性；没有试衣镜的试衣间，灯光照度可以略低一些，以营造一种温馨气氛；有试衣镜的试衣间及独立的试衣镜，灯光照度可以略高一些，但要避免眩光以及顶光。

（七）形象墙照明

收银台背后的形象墙，通常采用正前方天花射灯和内透照明等方式。照明灯具的选择主要考虑照明灯具垂直方向调整的灵活性。另外，根据设计的需要选择其他照明形式进行组合，如轨道式射灯、背板暗槽式灯等。

（八）休息区照明

休息区照明主要以满足消费者舒适、自然为照明目的。同时根据品牌所倡导品牌文化的不同还可以设置一些气氛性照明。休息区在灯具的选择方面可以选用一些小功率的节能筒灯或射灯作照明，光源可配卤素、节能光源。

光就像一只无形的手，“雕刻”着卖场中的商品和道具，为卖场增添美好的景色，利用灯光效果可达到反复强调和暗示性的手段，可以加强消费者对服饰货品或品牌的视觉感受，从而在感觉和印象上得到多次的强化，并有“该产品是唯一选择”的暗示作用，给消费者留下十分深刻的印象（图6-16）。

图6-16　经过光的“雕刻”，服装更显示出立体的感觉

Chapter 7

第七章
服装卖场商品配置规划

Merchandise Configuration Planning for Fashion Stores

第一节　卖场商品配置规划概念

一、卖场商品配置规划的定义

卖场商品配置规划就是从消费者的角度出发，根据本品牌商品企划和营销计划，将商品按一定规律，在卖场中进行合理的排列和分配的计划。

服装作为一个实用性和时尚性相结合的产物，其商品所包含的要素比其他商品都要复杂。特别在服装品牌竞争越来越激烈的今天，面对着品种繁多的服装，顾客的选择有时候变得无所适从，缺乏耐心。因此，如何迅速地吸引顾客，让顾客轻松、快捷地找到需要的商品，是卖场商品配置规划的一个新的命题。

卖场的商品配置规划要有一定的科学性和规律性。卖场服装分布是否合理，不仅会影响卖场的视觉效果，也会影响其销售业绩。因此当新品上市或换季卖场货品调整时，需事先进行分析和规划，然后再进行商品展示，这样才能真正使整个卖场的商品配置变得科学和合理。

二、卖场商品配置规划的作用

（一）卖场变得便捷，简洁

卖场中的商品经过规划后，再通过不同形式进行展示，使顾客购物活动变得更加便捷，商品的推荐主次变得更加清晰。卖场商品的科学配置将促进和提升卖场的销售业绩。

（二）卖场的营销活动变得有组织性

卖场商品配置规划是终端销售管理的重要组成部分。有计划的配置，可以让整个卖场的视觉营销活动，在符合顾客消费习惯和商品属

图7-1　配置合理的卖场会给人一种轻松自如的感觉

性的前提下，有目的、有组织性地进行(图 7–1)。

三、卖场商品配置规划的原则

（一）制造秩序

秩序就是有条理、有组织地安排各构成部分以求达到良好外观的状态。秩序意指在自然进程和社会进程中都存在着某种程序的一致性、连续性和确定性。秩序也是一个人基于对社会安全感而延伸出来的心理需求。有秩序的卖场不仅可以使顾客在视觉上感到整洁，同时也可以迅速地查找商品，节省时间。有秩序的卖场也使管理变得简洁和有条理性。

秩序对卖场有以下作用：

1. 方便顾客的购物、缩短购物时间

商品配置的秩序性就是根据商品一些特定的属性进行分类排列。这种分类和排列必须满足三个前提：其一，以满足顾客的购物需求为目的，简洁明了；其二，有实际意义；其三，多层次、层级式的。

卖场中商品应按照顾客的购物习惯或商品特点进行排列和分类，使卖场呈现一种整齐的秩序感。无论是在主题陈列或一般陈列，排列和分类都要求简单易懂，具有一定的规律性，以便于引导顾客选择。顾客可以轻易找到所需的商品，使购物变得更便捷、轻松。

2. 使卖场的管理规范化

有秩序的商品规划，使服装在性别、色彩、系列、品类等方面有明显的区隔和排列，这样不仅使顾客搜索商品简洁明了，卖场空间得到充分利用，也使终端的管理变得有规律和条理性。同时也方便导购员的管理，提高工作效益。

有秩序的规划可以使导购员清晰地了解畅销商品，进行每日盘存，防止货品损失，同时也使卖场的管理标准化，便于管理和监督以及进行流程化的推广。

商品按类别或功能有序排列，既便于统计和管理，又便于顾客集中挑选和比较，卖场的现场管理也比较简洁。这种配置方法主要考虑顾客购物中的理性思维特点，较适合服装设计感较弱的基础型或功能性服装，如内衣、打折物品、户外运动服装等。

（二）传递美感

美感优先的商品配置法，就是按美的规律进行组织性的视觉营销，使服装在视觉上最大程度地展示其美感。这种配置着重考虑顾客购物中的感性思维特点，激发顾客购物热情和兴趣。

服装是时尚的产物，它不同于一般的日用品，人们对其美感的要求要比其他商品高。美是最能打动顾客心灵的重要因素，顾客对一件服装做出购买决定时，服装的美感在整个购买因素中占有很大的比例。同样一个卖场整体和陈列面是否有美感，也会影响顾客进入、停留和做出购物的决定。因此卖场的商品配置要考虑是否能充分展示卖场和商品的美感。把美感作为商品配置时首要考虑的问题，常常可以收到非常好的销售效果。

美感优先的商品配置法特别适合一些女装、西装以及设计感较强、配套性较强的服装品牌。如女装品牌经常将服装的系列或色系作为商品分类的第一个层级，就是从顾客对商品的感性思维方面进行考虑。这种分类方式容易进行组合陈列，创造卖场氛围，迅速打动顾客，并能引起连带销售。当然，这种分类方式在产品管理上容易产生混乱，因此需用其他分类法进行辅助。

在商品配置中以美为导向，在视觉上给顾客一种愉悦的美感，刺激顾客的消费欲望，也淡化了卖场中的商业气氛，使顾客消费活动演变成一次愉快的时尚之旅，增加顾客的回头率。

（三）促进销售

卖场中的商品配置规划，还要充分考虑和商品营销计划的融合。一个规范的服装品牌在商品企划和服装设计阶段，通常会从销售上的

角度对商品进行分类。如：将每季的商品分为形象款、主推款、辅助款等类别，同时在实际销售中还会出现一些名列前茅的畅销款。因此在卖场的商品配置规划中，要合理地安排好这些货品。在卖场中，通常前半场是销售额较高的“黄金区”，后半场则要差些，我们可以有意识地将主推款和畅销款放在“黄金区”，以促进其销售业绩。而当主推款完成一定的销售任务后，在不同时间对卖场商品进行位置的调整，将一些滞销的货品调到“黄金区”，使卖场销售变得更加主动。另外，还可以通过有意识的商品组合，如进行系列性的组合，通过搭配陈列促进顾客的连带消费，增加销售额。

在卖场商品配置中充分考虑到品牌的营销规划，可以使卖场的营销活动更有针对性，使整个展示工作和服装营销有机地结合在一起，真正地起到为销售服务的目的。

第二节　卖场区域规划

在进行商品配置前，首先要对卖场各区域进行分类和初步规划，然后再进行商品的配置。

一、卖场区域划分

（一）卖场 A、B、C、D 区分类

通常根据顾客行走的路线便捷性、到达率以及视线可触及的效果，将卖场空间分为 A、B、C、D 四个区（图 7-2）。

1. A 区

（1）范围

通常位于店中最前方及入口处的区域；

顾客最先看到的或走到的区域；

通常包括橱窗、陈列桌（流水台）、卖场前方边架。

（2）摆放的商品

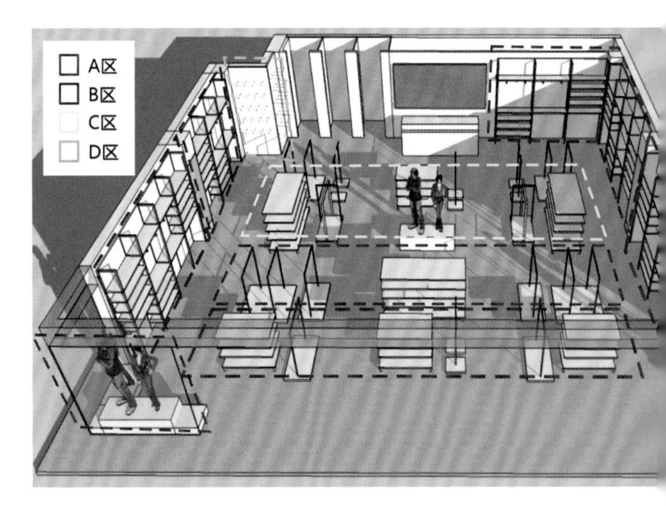

图7-2　卖场A、B、C、D分区示意图

新款、主推款、畅销的应季款式；

最新流行款、表现品牌的时尚性的款式；

季节性促销款。

2. B 区

（1）范围

通常位于店面中部；

是顾客经过 A 区后看到或到达的区域。

（2）摆放的商品

辅助款。

3. C 区

（1）范围

通常位于店面后部；

是顾客经过 B 区后看到或到达的区域。

（2）摆放的商品

从 A 区和 B 区撤下的货品；

与撤下货品相互搭配的货品。

4. D 区

（1）范围

位于更衣室或收银台附近。

（2）摆放的商品

配饰品；

不受季节及促销影响的款式。

（二）卖场 VP、PP、IP 区分类

卖场的 VP、PP、IP 区主要是基于顾客的角度，对卖场中的产品进行不同功能的推荐手法的一种分类方式（图 7–3）。

1. VP 区（Visual Presentation ）

全店最重要的推荐点，其功能是展示品牌风格和主打主题。通过销售视觉情景表达，吸引顾客进店，传递品牌风格和卖场重点信息。

展示方式：在橱窗、展示台上通过服装、人模及道具来展示。

2. PP 区（Point of Presentation）

重点商品推荐点，传达 IP 区商品的特点和卖点。留住顾客，提升品牌体验，促进连带消费，提高试穿率。

展示方式：在展示台和货架上，采用正挂和人模来展示。

3. IP 区（Item presentation）

单品陈列点是分类陈列的项目空间。通过多样化、多种类的商品展示，使顾客容易观看和挑选，同时加大存货量。

陈列方位：在货架上，采用侧挂、叠装来展示。

第三节　卖场商品分类

卖场商品分类是按照商品的某个共同属性进行分类。商品分类的目的是使卖场中商品信息变得更加清晰和系统性，方便顾客的挑选和店铺的管理。

商品分类应以制造秩序、传递美感、促进销售为原则，同时还要根据不同服装品类进行区别对待，否则就没有实际意义。如尺码归类对女装销售就没有作用，但对正装衬衫销售却非常有作用。

各种商品分类方式都有优缺点，每一件商品

图7–3　卖场VP、PP、IP区分类图

也可以有不同的归类方式。因此，通常按顾客对产品需求主次和产品特点进行不同层级的分类。

卖场中常见的商品分类法有以下几种：

一、性别分类

性别分类：将服装按男女性别进行分类。这种分类方式适合目标顾客群较广的品牌，如休闲装、运动装、童装等，也作为上述品牌区域划分的第一层级。性别分类的好处是可以迅速分流顾客，使顾客迅速到达目的区域（图 7-4）。

二、色彩分类

色彩分类：就是将服装相同的色系进行归类，色彩分类可以是单色也可以是一个组合色系。它主要是基于顾客视觉感性感受上的分类。

人们对色彩的辨别度比对形状的辨别度还高。和谐的色彩也最能打动顾客，引起顾客购买欲望。因此色彩分类法常常被女装品牌及其他品牌在卖场中作为第一层级的分类。同时，色彩分类法也比较适合服装色彩较多或将服装色彩作为主要设计点的服装品牌（图 7-5）。

三、品类分类

品类分类：将同样类别的商品归类在一起。如把卖场分成裤区、T 恤区、衬衫区等，这种分类方式源于大批量销售。优点：方便顾客的挑选，可以进行同品类商品的比较；方便卖场管理，如进行盘存、统计等工作。本方式较适合服装互搭性强、款式简单、品类较多、销售量较大的品牌。如男装与平价的休闲装等。缺点：卖场的色彩容易杂乱，色彩系列感不强，难以引起顾客的连带销售。所以应在卖场中局部进行系列搭配引导，以弥补不足（图 7-6）。

四、风格分类

风格分类：根据商品的风格进行归类，通常适合风格系列较多的品牌。

随着消费市场的细分，为了更好地满足消

图7-4 休闲性别分

图7–5　色彩分类

图7–6　品类分类是优依库等“快时尚”品牌常用的分区方式，这种分类方式可以方便进行类比和挑选

费者的需求，一些品牌会进行产品风格的细分。这种细分方式分两种。其一是设立独立的副牌，如阿玛尼品牌为适合年轻消费者和休闲风格的 A/X 和 A/J 等。其二是在同一品牌中以系列的形式出现。如 ONLY 品牌中的“街头系列”（SWW）“斯文系列”（CT）“奢华系列”（LUX）。前者通常采用分不同的店铺独立陈列，后者通常在同一卖场中分区域陈列。

风格分类的好处主要是以消费者的穿着场合或性格特征进行分类，它能体现出商品的整体特点，展示的效果也较好。风格分类可以按穿着的场合设立“正装区”“商务休闲区”“活力运动区”等；也可以按设计的风格分“校园风格区”“田园风格区”“英伦风格区”等（图 7–7、图 7–8）。

五、系列分类

就是按服装设计的系列进行分类。按系列陈列可以加大产品的关联性，容易进行连带性的销售，适合原来设计规划时已经成系列设计的服装品牌。

六、尺码分类

就是按尺码规格进行排列。如 S、M、L 号或按人体身高进行排列。尺码分类可以使消费者一目了然，可以随手选出自己需要的尺码。

由于每个服装卖场一般都备有齐全的尺码，因此尺码不会成为顾客首先关注的问题。顾客往往对一款服装的色彩、款式、面料考虑完毕后，才开始关注尺码问题。所以在一般的情况下，尺码分类常常作为其他分类方式的补充，往往作为最后分类的序列。

但在童装店、西装衬衫店、特体服装店中，由于尺码是顾客首先要考虑的问题，所以也会采用尺码分类为先的分类排列（图 7–9）。

七、材质分类

就是按服装面料进行分类。如皮衣专柜、毛衣专柜、牛仔专柜等。这种分类方式一般需要在卖场的商品中采用这种面料的商品要达到一定数量，能独立陈列为一个系列；同时其面料风格或价格和其他产品相差比较大，有特殊的卖点。如把皮衣专柜独立陈列成系列，就是要突出皮衣高贵的感觉，在价格上形成差异。把牛仔独立成柜，一方面是突出牛仔粗犷的感觉，还因为牛仔的分类已成为传统的方式。

材质分类不宜太细，因为很多顾客对面料的认知度很低。因此一般分成大类，然后再使

图7–7、图7–8　风格分类

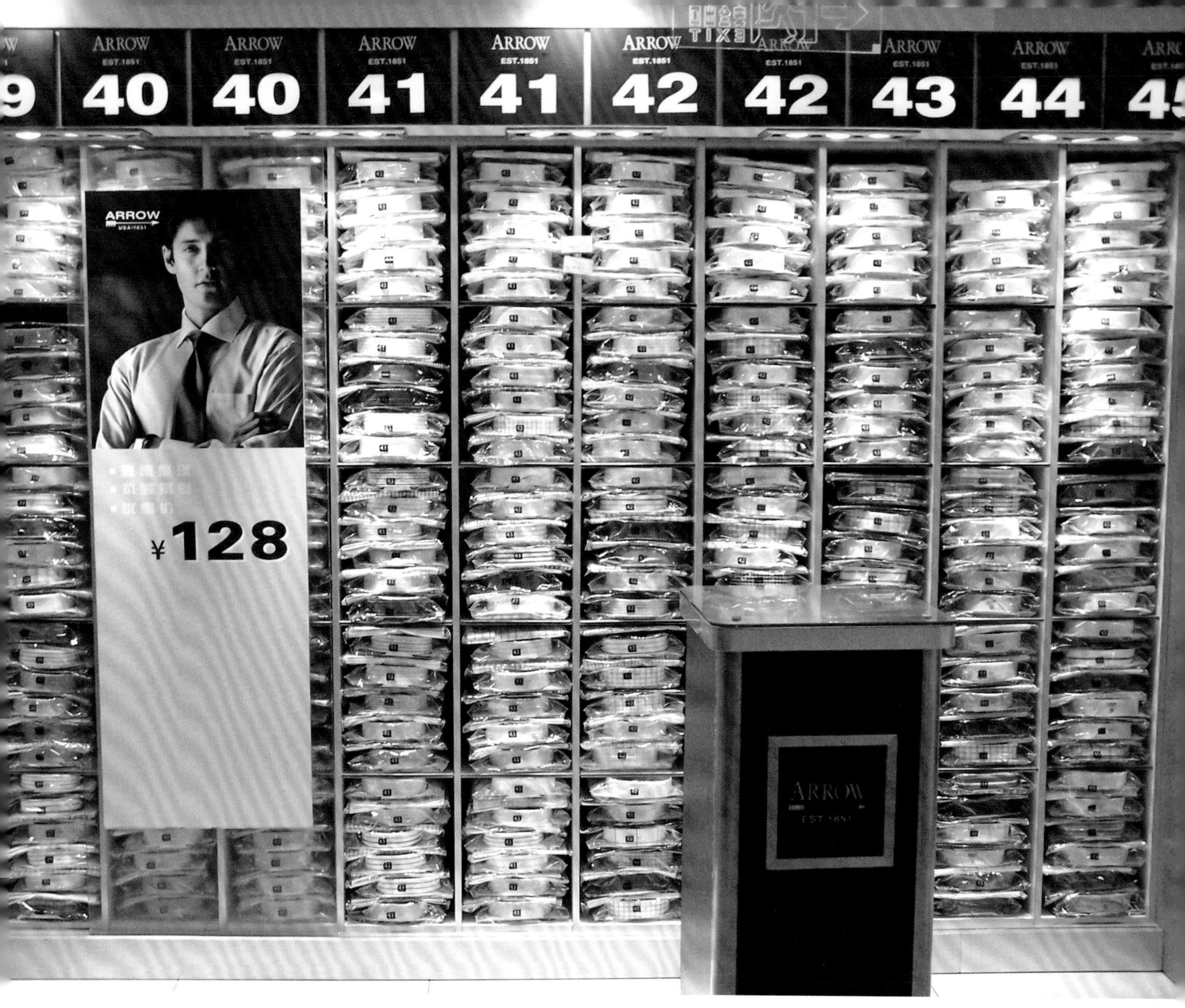

图7-9 尺码分类在男装衬衫店中作为第一层级的分类

用其他分类法再细分（图 7-10）。

八、价格分类

就是将卖场的货品按几个特定的价格区间进行归类。

由于每个品牌都有其一定的价格区间，顾客选择进入你的卖场基本都能承受该品牌的价格范围，因此一般在常规的卖场中很少使用。但对于清货打折时，由于顾客对价格的敏感度增加，所以采用价格分类的方法会达到较好的效果。另外一些经营低价位的服装品牌，由于目标顾客对价格比较敏感，也可以按价格对商品进行分类。

第四节　卖场商品配置规划的应用

一、卖场商品配置规划准备

（一）了解商品相关信息

1. 品牌文化信息

不同的品牌文化和定位，其卖场在区域规划、造型风格上也各尽不同。因此在进行卖场商品配置前，应该对服装的品牌文化、客户群定位等各方面有充分的了解，有助于更好地做好商品配置。

2. 货品结构信息

图7-10　牛仔面料由于其独特的效果已经被顾客所认可，通常在休闲装卖场中会设立专区便于顾客选择。

一个成熟的服装品牌都有规范的商品企划。在做商品配置规划前必须要熟悉和了解该品牌的商品企划方案，并根据商品企划再进行卖场商品配置。

品牌的商品企划信息主要包括：第一类是产品功能和类别信息，如系列、风格、功能、性别、颜色、品类、尺寸等；第二类是营销方面的信息，如形象款、主推款、辅助款、上市的波次。这些信息都与卖场中销售活动有紧密联系。

（二）了解卖场相关信息

1. 卖场空间结构和功能区分布

卖场空间结构有各种不同的形式，从平面的形状分，有进深较浅的面宽型，也有纵深的进深型，也有前场小后场大像菜刀一样形状的。由于卖场形状不同，卖场各个功能区的排列和布局也不同。因此，在做商品配置之前，应充分了解卖场空间结构的基本信息。

2. 卖场货架的结构和出样量

不同品类的服装其卖场货架结构也不同。休闲装货架通常采用可拆装结构，货架的组合和展示方式也比较多，商品的储货量比较大。女装品牌货架通常采用固定式样，主要以侧挂为主。卖场货架的结构和出样数是商品配置规划事先要考虑的要素。

3. 卖场各畅销区和畅销点

在卖场中由于货架尺度、通道和卖场布局的结构不同，加上商品展示的魅力，会产生一些畅销区域或畅销点。事先了解这些区域和挂点，可以在这些区域和点上规划一些重要推荐的商品。

（二）卖场商品配置规划应用

1. 根据商品企划制定卖场配置比例

一个成熟和规范的品牌，通常有详细的商品企划。商品企划包含了商品的品类结构、廓型结构、价格结构、上市时段等各种因素。商品配置企划围绕商品企划进行，这样可以使品牌的管理环节得以呼应和延续。

品牌的商品企划通常包括以下主要内容：主题系列风格款数的分配、款式、面料、色彩、工艺图案、配件、价格带、尺码分配（按照南北不同区域）、单量（图7–11、图7–12）。

2. 划分平面区域：分类的层次、大系列、色系

了解了商品企划的基本内容后，接下来就可以进行卖场中平面区域规划了。

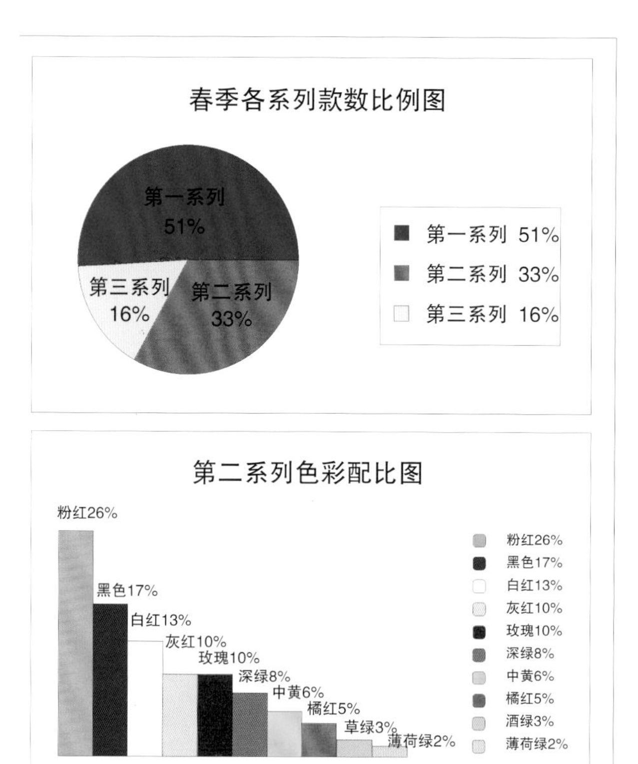

图7–11　某休闲品牌的各系列商品比例和某系列的色彩比例

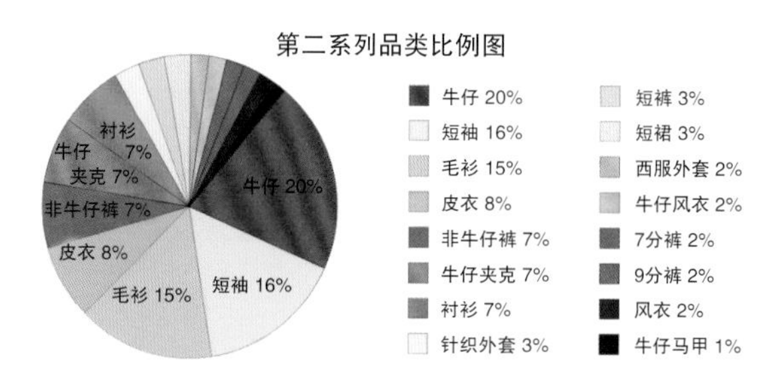

图7–12　某休闲品牌的品类比例图

（1）确定分类层次排列

由于产品用途和特点的不同，顾客在选择商品的时候其搜索的选项排列次序也会不同。如户外运动服装，顾客首选的是商品的功能、然后才是色彩、款式和尺码，而女装品牌顾客首选的选项通常是色系和风格。对于消费群比较广的休闲装品牌，顾客首先选择是买男装还是女装，因此性别分类被放在首要的位置。所以，在做商品配置规划之前，我们必须从品牌的实际情况出发，分析顾客搜索商品的属性排序，然后再确定分类层次和次序。

卖场商品配置规划的分类层次及排列次序应考虑以下几个方面：

① 分类层次简洁。太多的层次容易使顾客感到厌烦。先大类再小类，可以将一个主要的分类方式排在首位，其他的分类方式依次列为第二、三的位置。排列首位的分类应是顾客最关心的利益点。

② 将易识别的商品属性排在首位。通常顾客对颜色和造型容易识别，因此大部分服装品牌都将色彩和款式分类作为第一个分类层次，而面料和尺码这些难以辨别的属性往往排在后面。排在第一层次的分类必须易辨别，必要时可用图形和文字加以辅助。如卖场中的性别分类，可以通过在卖场中设立指示牌或在货架上设立POP，用POP上的图形和文字明确地告知顾客。

③ 分类和排列规划要考虑顾客购物的便捷。分类和排列要做到让顾客易看到、易摸到、易选择、易组合、易购买。

④ 使卖场变得有秩序、有美感。分类和排列可以使卖场变得有秩序、有美感，最后达到吸引顾客、留住顾客、方便顾客的效果。

（2）确定卖场商品区域分布

在确定基本分类方式和排序后，接下来就可以进行卖场商品的区域分布了。卖场商品的区域分布，主要要从两个方面综合考虑，最后确定商品区域分布方案。

①主推产品和辅助产品分布

在服装商品的销售规划中，每一波次的服装，通常按商品的推荐度将商品分为形象款、主推款、辅助款等几种类别。合理的配置比例可以掌握销售节奏，突出卖场的主题和焦点，完善系列产品展示的整体形象。因此，在每季新品上市调整时，要合理规划好不同推荐度的商品区域。同时对季中销售过程中产生的一些名列前茅的畅销款，也要做出区域上的快速调整，最大限度开发销售潜力。

如通常将形象款放在橱窗和店铺的焦点区域，卖场的前半场一般是销售额较高的“黄金区”，可以将主推款放在“黄金区”，以促进其销售业绩。而当主推款完成一定的销售任务后，则可将一些滞销的货品调到“黄金区”进行有意识的促销活动。

②系列和色系分布

除了商品在销售上不同推荐度安排，我们还要综合考虑商品系列和色系的布局。系列和色系是顾客最容易直观辨别的要素，可以在视觉上给顾客一种愉悦的美感，刺激顾客的消费欲望，淡化卖场的商业气息，使顾客消费活动演变成一次愉快的时尚之旅。这种分类方式容易进行组合陈列,创造卖场氛围,迅速打动顾客,并能引起连带销售。在进行系列和色系的规划时，要充分考虑相邻系列的色彩协调性，使整个卖场色彩协调，色彩的明度和纯度各方面有起伏感（图7-13）。

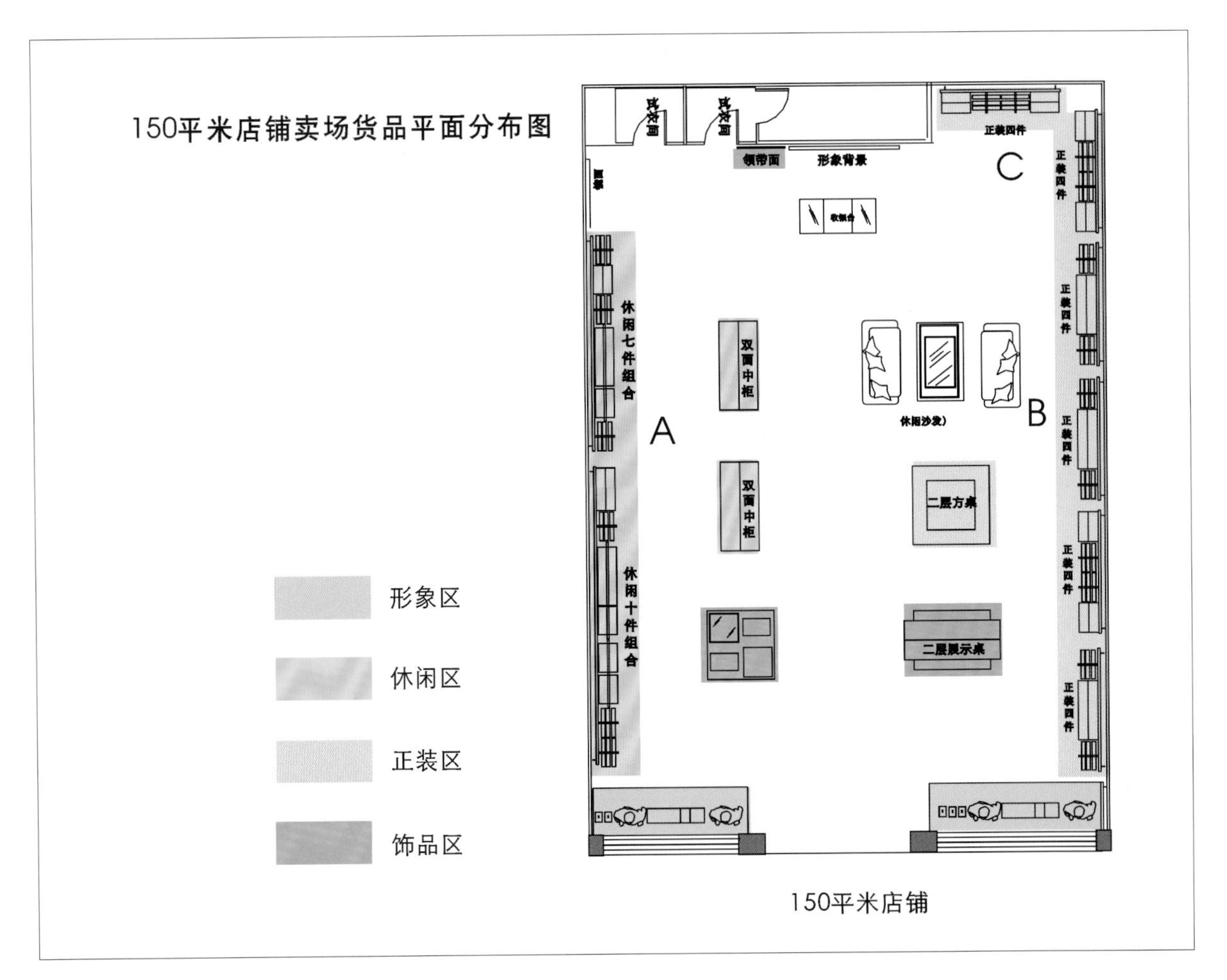

图7-13　某西装品牌的卖场商品分布图

3. 进行立面的规划

卖场的立面就是由货架道具组成的纵向商品陈列空间，在平面规划合理的前提下，就可以进行卖场立面的具体规划。

（1）造型组合规划

货架的造型组合应根据不同的货架进行规划。有些服装品牌整个卖场中只有一种形式的货架，如女装卖场中基本采用侧挂进行展示，造型组合规划就比较简单，只需确定所挂服装数量就可以了。

如果货架结构比较复杂，服装展示形式较多，就要进行综合考虑。如休闲装的货架有正挂、侧挂、叠装等各种展示方式，这时候除了考虑各种展示方式的协调性外，还要考虑商品容量的合理性。如货品少的情况下，可以多采用正挂展示方式，货品多的情况下，多采用叠装和侧挂展示形式（图7–14）。

（2）色彩组合规划

在卖场商品的平面规划里，我们已经对色彩的色系进行了初步的规划。立面色彩组合规

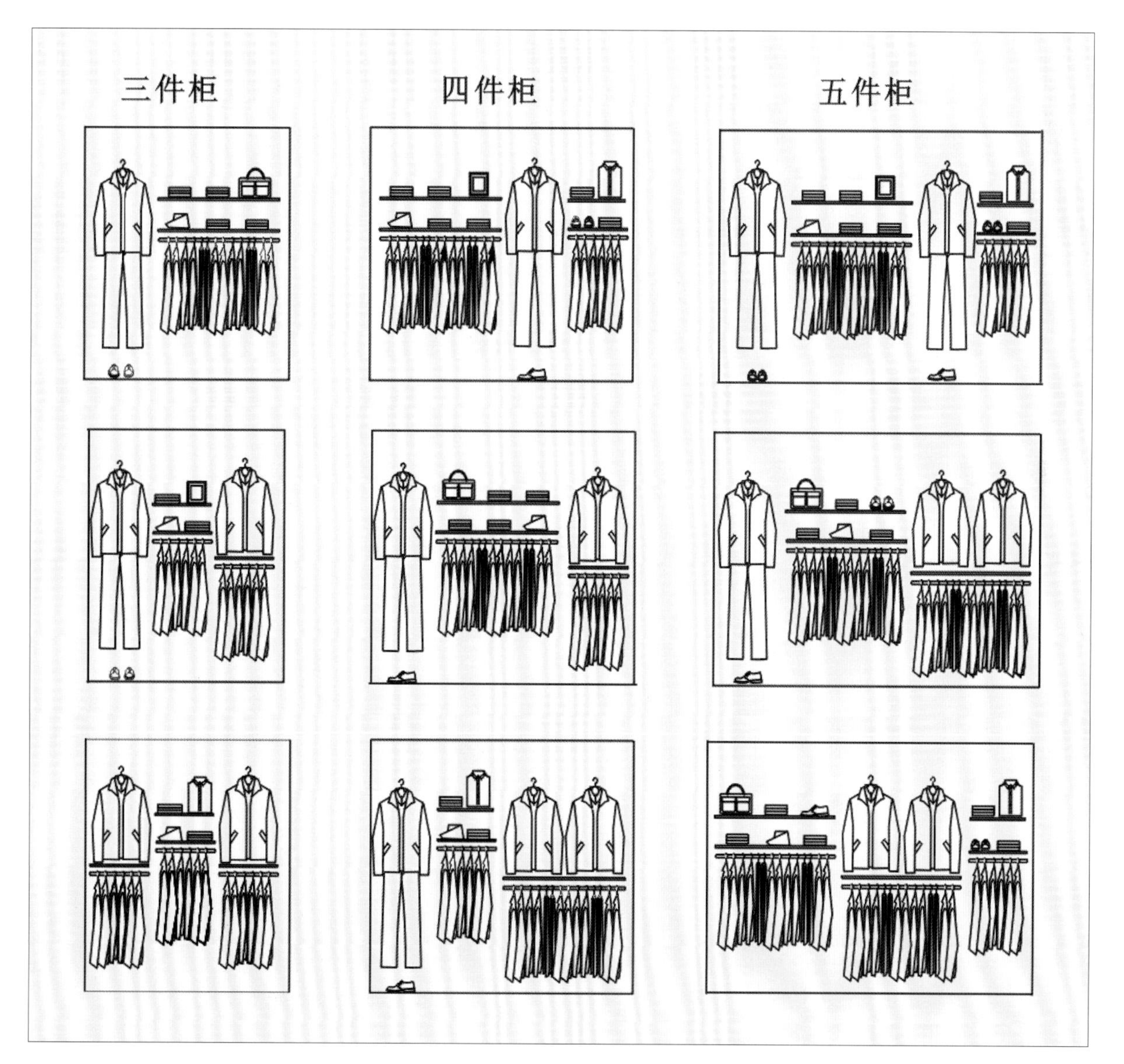

图7–14　某西装品牌的立面规划图

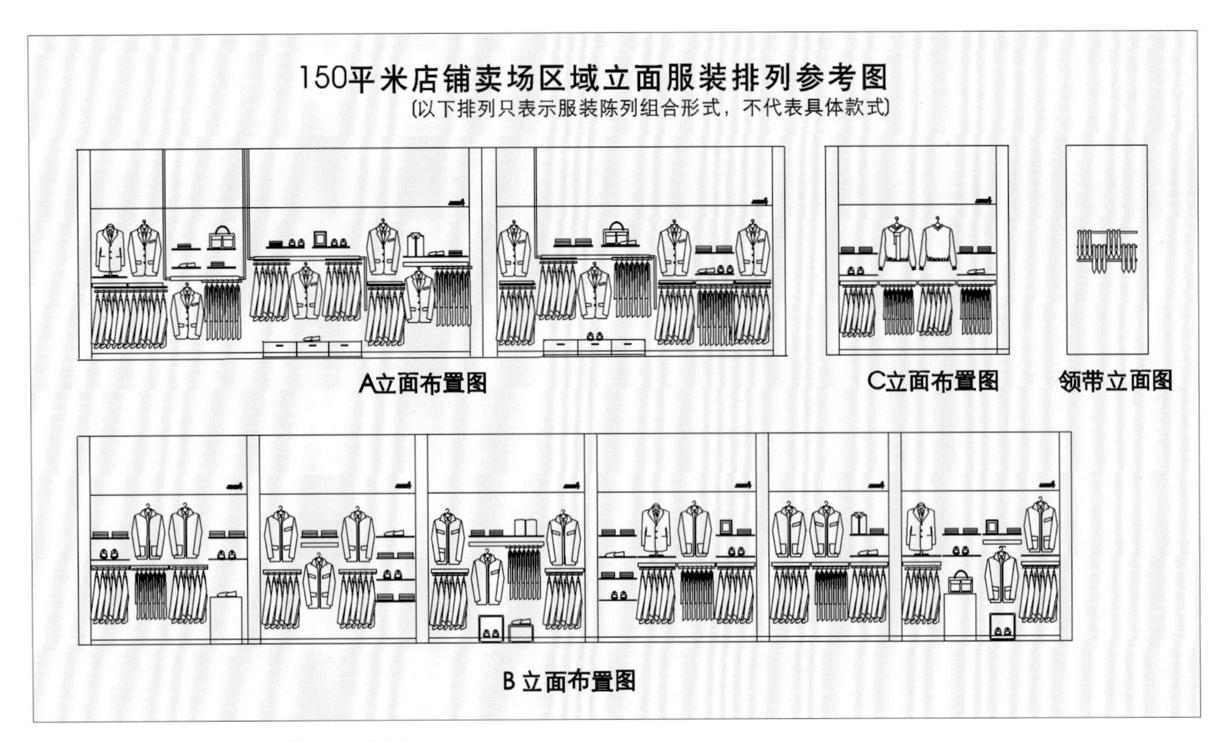

图7-15　某西装品牌的卖场商品立面规划图

划主要对系列中的色彩进行细化规划。包括色彩的协调、呼应和节奏感的规划和调整。有关色彩的搭配在本书第四章已经做了详细阐述，本章节就不再展开描述。

（3）商品组合规划

为了促进连带销售，在商品规划中可以进行有意识的商品组合。如在西装柜中放入衬衫、西裤、领带和包等配饰品，既可以丰富立面的造型，同时也可以带来连带销售（图 7-15）。

4. 最后调整

在完成规划后，就可以进行实际商品展示，由于前期商品规划都是在纸面上进行，因此，在实际展示过程中，我们还可以根据实际情况进行微调。

最后调整应注意以下事项：

① 围绕着顾客的视觉和体验感受进行调整

也就是说从顾客的视觉角度去感受卖场的一切，调整前可以扮演顾客角色进行实际体验，观察整个卖场的角度应从外向里，和顾客进店的路径相同。有条件的话也可以邀请一些顾客参与店铺展示评点，然后再针对顾客的建议提出调整。

② 用动态思维进行配置调整

不同的店铺其地理环境、气候和周边的人文环境都会有所不同，因此我们还要用动态的思维，根据不同的品牌定位和商品特点以及营销阶段灵活调整配置方式。

不同的品牌定位，顾客的购物取向排序是不同的。如在内衣店，顾客先要找到合适的尺码，然后可能再寻找款式、色彩和面料，再考虑价格。而在打折的季节，价格成为顾客首要考虑的因素，而款式和色彩此时就成为第二个考虑的因素。这时我们就必须对原有的配置方式进行适当的调整。调整可以是实施展示方案当天，也可以在实施展示方案后的一周或几周后。

在品牌竞争越来越激烈的今天，我们必须用科学和理性的思维方式去管理和规划卖场，这样才能使我们的感性创意不会偏离方向，更好地为顾客创造舒适、美观的购物环境。

Chapter 8

第八章
服装展示管理

Fashion Display Management

第一节　服装展示管理基础

一、展示管理概念

管理就是由计划、组织、指挥、协调及控制等职能为要素组成的活动过程。在管理的职能中，效率是管理中极其重要的组成部分，它是指输入与输出的关系。用小的输入，获得大的输出，从而提高效率。

展示管理就是采用科学规范的管理方式，有序组织相关人员进行展示实施的有效活动过程。要做好服装展示的管理工作，就要求管理者既具备审美能力，同时也要有组织和掌控能力。

服装展示管理的主体是指具备服装展示管理职能的人员，包括专职的服装展示经理或主管以及兼管该项目的形象经理、零售经理、市场经理和企划经理等。服装展示管理客体是指与服装展示业务相关的人、事、物（资）因素，就是服装展示的行政管理、业务管理和财物管理。

二、服装展示管理特点

服装展示作为一门融商业和艺术等多学科知识交叉的新兴学科，其管理也有其自身得特点。

（一）一项系统工程

服装展示是一项系统工程。服装展示设计必须围绕着品牌的总体风格而展开，相关的管理计划应在品牌总体计划下展开，孤立地对服装展示进行管理和规划是不可取的。

要使卖场终端的展示效果和服装的品牌风格文化相融合，并符合总体的销售策略，就必须在品牌系统的相关环节中提前规划和融入。

（二）常规性工作

卖场服装展示的变化是频繁的。商品的出售和补充，使卖场中的展示状态呈不断发生变化。所以，这要求我们须将展示管理纳入日常店务管理工作中。

（三）多种管理手段相结合

服装展示是一门交叉性的学科。服装展示既具有规范性，也有其灵活性。既需要偏理性的数据化管理手法，同时也需要偏感性的艺术指导。在实际的管理推广工作中，建议在基础阶段要强调标准执行的规范性，在提升阶段要强调其灵活性。将严格的量化规定和灵活的变化相结合，这样才能使服装展示的管理做到既有规范同时又不会陷入僵化的状态。

第二节　服装展示管理类型和组织架构

一、服装展示管理分类

服装展示从管理对象的不同，可分为以下两种类型：

（一）系统服装展示管理

就是对服装品牌的整个系统进行展示管理工作。系统服装展示管理是对整个系统的展示工作进行全面管理，涉及的部门广泛，各店铺的情况复杂，管理难度相对较大。

（二）终端服装展示管理

就是对具体的某个卖场进行展示工作管理。终端服装展示管理涉及的范围小，管理相对比较简单。

二、服装展示管理组织架构

（一）管理架构的设置

要使服装展示的管理工作能有效开展和实施，就必须建立起规范的管理系统。店铺数量较少的品牌，可以在相关部门中设立展示管理专员。店铺总数规模已经达到一定程度的服装品牌可以设立独立的展示管理部门。

服装展示组织结构可参照传统的组织结构设计经验和模型。常见的组织结构有等级式、直线职能式、矩阵式、功能式和部门式等。

展示部门的归属，在国外通常由服装品牌系统中的视觉总监或相应的经理分管。在国内服装品牌中通常由品牌总监、销售总监或副总负责，也可以隶属于企划部、品牌部和设计部。归属是否合理，最重要的检查标准是工作流程是否顺畅，能否真正提高管理效益。

（二）设立层级式的管理结构

层级式的管理方式首先是在品牌总部设立第一层级的展示管理部门，然后以大的营销片区为单位设立第二层级的专职展示人员，在终端卖场再设立第三层级的专职或兼职服装展示员（服装展示助手）。第二层级和第三层级的展示管理人员行政上归分公司经理或店长领导，业务上由上一级服装展示管理部门直接指导。

层级式展示管理结构的优点是可以使管理工作自上而下得以贯彻。处于各层级的展示管理人员可以各司其职地进行工作，将有效的精力投入到自己的工作中，节约大量的人力、物力，使管理效应最大化。

第三节　展示管理实务

在日常管理中，服装展示管理通常包括以下内容。

一、制定标准

制定规范的展示标准是陈列管理工作的首要任务。目前国内服装品牌基本上采用连锁经营的模式，这种模式要求各个终端卖场在营销方式、产品价格、品牌传播、导购服务、视觉形象、服装展示等方面保持统一标准。因此，要使各个卖场的展示形式保持一致，就必须要建立相应的标准化、可复制的相关展示管理手册。

目前，服装品牌中通常采用《** 品牌服装展示基础手册》为基础，再辅以《** 品牌分季服装展示指引手册》等进行规范化的管理。通过手册制定，可以有利于今后对各终端卖场的展示工作进行远程管理，可以进行大范围推广。

编写手册时应考虑可操作性、可复制性、可推广性。手册编写应通过调研、实际操作的检验后再正式发布。同时应有和手册推广配套的培训工作，使本手册可以真正在终端得以实施。

（一）《** 品牌服装展示基础手册》

本手册是一本通用性的卖场展示标准化手册。通过文字和图例的组合说明以及各种标准化的示范，为卖场展示提供标准化、规范化的理论和技术指导。同时，按本手册的标准，还可以建立对应的店铺展示考核标准。

本手册通常包括服装展示概念、道具使用说明、服装展示手法及标准、服装展示维护和管理等相关内容（图 8－1）。

（二）《** 品牌分季服装展示指引手册》

本手册是专门针对某个季节服装展示方案而制定的手册，和前一本基础手册相比更具针对性。可以根据本季商品的特点，进行更细化的陈列手法指导，使陈列有效地落实到点上。

本手册根据服装的上市周期和销售策略，为本季上市的服装提供展示方案和展示指引模

SHOP DSPLAY DESIGN 男装展示规范手册

衬衫的叠装陈列方式：

由于衬衫本身有固定的尺寸包装，在陈列时只需去掉塑料袋即可。
吊牌不外露。
叠装平放时，领子在外侧，数量为1～2件。
立放时领子在上方。

图8—1　某男装品牌《服装展示规范手册》中衬衫陈叠装陈列规范

版。内容通常包括设计主题、产品结构、卖场商品配置规划、货架服装展示方式、橱窗展示等内容组成。编写方式通常采用示意图、实际展示示范、文字说明组合而成（图8-2、图8-3）。

二、规范管理

规范管理可以使终端卖场的服装展示手法标准化，使品牌总部的相关标准能得以落实和实施。服装展示管理首先要明确展示部门的行政、业务管理制度和绩效考核办法，再通过以下几个方面进行规范的管理。

（一）建立展示管理制度

服装展示要在卖场终端体现效果，不能靠陈列师逐店进行辅导或监督，而是要依靠一套科学的管理制度体系。服装展示管理制度包括以下内容：

①卖场日常服装展示维护制度；
②服装展示方案设计及审批制度；
③服装展示物料的管理制度；
④服装展示实施制度；
⑤服装展示培训制度；
⑥新店开业的服装展示扶持制度；

（二）建立卖场展示资料档案

建立卖场展示资料库，特别是收集卖场平面图和货架结构图等资料，有利于对卖场展示进行指导和调整。在下店检查前，可以预先了解各个卖场的基本结构和信息。卖场展示相关的资料包括：

蓝色（藏青色）与黄色、黄绿色组合

正挂：浅蓝色便西+黄色长T+藏青色休闲裤+黑色休闲鞋；藏蓝色便西+黄绿色长T。
侧挂：2件便西（藏蓝）+2件长T（黄色）+2件便西（浅蓝）+；2条休闲裤（藏蓝）+2件长T（黄绿）+2条休闲裤（浅蓝）+2件长T（蓝绿）。
层板：黄绿色长T叠装与服饰品（如：包）组合陈列。

侧挂可以用休闲裤与长T间隔陈列，既有色彩上的深浅变化，又有形态上的长短变化

茄克与长T的间隔陈列

图8-2、图8-3　某男装品牌《分季服装展示指引手册》

1. 数据资料

卖场的地理位置、联系方式、周边环境、面积、店铺的等级（品牌内部的级别，如旗舰店、重点店、一般店）、卖场性质（店中店、独立店）、上年度的销售额等。

2. 图片资料

卖场工程设计图：包括平面图、立面图、照明图等；实景照片：包括门面、门头、橱窗、卖场货架等。

（三）定期考核和检查

服装展示需要定期进行考核和检查，这样可以督促各终端卖场不断修正和提高展示水平，考核和检查标准依照品牌相关的展示规范手册进行。考核和检查的方法有多种形式，主要有以下几种：

1. 远程考核和检查

各店铺通过上交图文并茂的展示报告书或PPT等方式，汇总到总部来进行考核和检查。有条件的卖场也可以在店内预装摄像头，由总部管理人员通过视频来进行远程考核和检查。以上方式的优点是操作简便、成本低；缺点是由于图片效果容易受摄像头的清晰度或因拍摄者的摄影水平、灯光效果等因素的影响，很难还原实际效果。

2. 实店考核和检查

总部或分公司派管理人员到店进行实际考核和检查。这种方式可以更具体和全面地了解卖场状态。缺点是在时间、人力和经费上都占用较大，因此通常和其他任务结合在一起，比较适合离管理总部较近或交通比较便利的卖场。

三、技术培训

培训是一种有组织的知识传递、技能传递、标准传递、信息传递、信念传递、管理训诫行为。服装展示作为一门视觉艺术和销售管理等多学科交叉相结合的学科，需要终端人员具有一定的专业知识。通过培训可以使卖场终端的管理人员及导购提高视觉的审美水准，掌握专业知识和技巧，统一展示手法和标准，最后达到岗位业绩的提升。

培训可以针对不同的培训对象，采用不同的培训方法。

（一）培训方式

从组织形式分，可以进行集中培训、分片培训、单店培训等方式。授课方式可以分为理论教学、案例教学、实际操作等。服装展示是一门实操性很强的学科，因此，在课程的编写和讲解中一定要充分联系实际，如果时间和场地允许,要尽量安排实际演练,同时对演练的“作品“进行讲评，使学员的陈列技巧逐步提高。

（二）培训对象

可以分专职陈列师、督导、品牌经销商、卖场管理和销售人员(包括店长、领班、导购等)。每次培训应根据不同的培训对象，设定不同的培训内容。有些可以注重理论性的培训，有些需要侧重于实际操作的培训。

（三）培训时间

为了不影响销售，对终端的培训的时间应尽量错开销售黄金期，通常安排销售淡季，如:每年的 7–8 月份、“五一”“十一”节日后的一周时间进行。

有时为了节省时间和费用或促进订货也可以和订货会时间安排在一起。

展示培训可根据需要专门开设展示训练营，也可以与其他课程组合在一起，前者培训周期可以安排 3~5 天，后者可以安排 1~2 天 (表 8 –1)。

表 8-1　某品牌的年度展示培训计划安排表

培训项目	时间	参加对象	目的	培训形式
视觉营销的概念和系统介绍	2 月中旬	公司各相关部门、分公司经理、重点经销商	使品牌系统的各管理层统一思想，从观念上开始重视视觉营销，从而为本项目的实施和推广打下基础。	讲课
陈列基础知识培训	3 月上旬	督导、加盟商、店长	使终端管理人员能掌握基本的陈列原理	讲课、实际操作、点评
种子店现场培训	4 月上旬	种子店店长、导购	培养种子店的陈列水准，并进行《*** 陈列规范手册》的试运行。	讲课、实际操作、点评
《** 品牌服装展示规范手册》培训	5 月中旬	督导、公司陈列师、公司相关管理部门人员	针对《*** 陈列规范手册》推广的内部讲师培训	讲课、实际操作、
《** 品牌服装展示规范手册》及陈列提高班训练营	7 月下旬	督导、店长	对相关的陈列知识温习和提升陈列技巧。《*** 陈列规范手册》推广培训	讲课、实际操作、点评
《** 品牌分季服装展示指引手册》	3 月、8 月	督导、店长	针对各季节的产品	讲课、实际操作、点评
重点片区培训	10 月、11 月	各重点片区的店长、优秀导购	使陈列的规范和实施向纵深化迈进。	讲课、实际操作、点评

四、展示实施

服装展示的实施是整个服装展示管理工作的一个部分。服装展示管理人员应定期安排下店进行展示实施。通过实施工作可以不断地提高自身的业务水平，同时也可以检测服装展示设计方案的可行性。服装展示的实施工作还可以和卖场中的培训结合在一起，进行服装展示实施的卖场可选择新开业的卖场、直营店和旗舰店。

第四节　服装展示管理和品牌管理系统

一、预先融入是做好展示管理的前提

服装展示涉及学科的交叉性，也决定了服装展示部门的工作方式不能“闭门造车”，需要预先和公司各部门及终端建立互动的关系，这样才能把服装展示融入品牌传播的整个环节中。

要建立这样一种互动的关系，就必须要在管理中建立一个互动的服装展示管理流程。服装展示主要和品牌系统中以下环节有重要的关联。

（一）产品设计

服装产品最终是在卖场中销售的，一个成熟的服装设计师就必须要了解卖场终端的状态，同时服装陈列师也要和设计师一起参与产品的规划。只有这样才能把产品设计和服装展示有机地结合在一起。

（二）卖场设计

在卖场工程设计阶段，服装陈列师要事先做好和卖场设计师的沟通，特别是卖场的通道规划、灯光规划等，合理良好的卖场规划是做好服装展示工作的基础。

（三）营销管理

作为服装管理产业链上的最后一环，服装展示像一个无声的推销员一样，承担着视觉销售的任务。因此，如何将前端规划在终端得以有效地再现，也是服装展示的重要任务。因此服装陈列师必须要充分了解销售部门对营销策略，包括如款式的推荐度、上市的波次等，这些信息都有利于对服装展示的科学管理。在日常的服装展示工作中，服装展示部门还要随时和公司的营销部门保持紧密的联系，随时关注销售的变化，在第一时间和营销部门一起改变卖场的服装展示方案。

建立起一种良性的互动式的工作方式，服装陈列师和服装设计师、卖场设计师、营销人员在企业设计产品、设计卖场、制定销售规划时就有所沟通，只有这样，才能从源头解决服装展示工作越做越狭窄，服装展示的主题和设计主题、营销策略脱离的状况，从根本上解决服装展示局部化的问题。

同其他管理工作一样，服装展示工作一样也可以做得生动活泼。服装展示工作不应是“孤军作战”，而是要取得整个管理系统的支持，发扬“全民皆兵”的作战风格。同时在终端卖场的管理过程中，还可以进行通过一系列丰富的活动如最佳橱窗、最佳形象卖场的评选、进行卖场服装展示效果考评等活动，使服装展示工作变得有声有色。

二、全面把控展示计划工作

（一）展示计划的预先管理

为了在服装设计规划初期就能将展示规划做到更贴近终端。服装展示部门在设计规划阶段就参与进去，将终端一些实际的思维加入设计规划中。另外，服装产品在一年四季中是在不断变化的，这种变化不仅仅是为了满足消费者的在气候变化的购物需求，同时也是为了满足消费者对时尚变化的需求。卖场就好比舞台，服装就是台上表演的演员，四季的销售就如同一场晚会，每一批上市的服装就如同不断更替的节目。上市波次的合理分配，才能在每一波次中都使卖场中保持合理的货量和新鲜的货品。所以，要使这场晚会节目精彩纷呈、流程顺畅，首先要在服装设计的产品规划环节制定好全年或半年度的产品上市计划，然后制定每一季的细分上市计划。

（二）展示计划的实施管理

有了规范的服装设计企划和销售策略后，在后期的服装展示中，陈列师要严格按照上市计划进行实施。要使这种规划得以实施，就必须做好在终端的落实工作。一种是终端的销售人员要按商品主次进行不同推荐，另一种是服装展示也要按商品主次进行分类展示，严格根据预先的规划方案进行展示。

第五节　卖场展示管理的发展趋势

随着电子商务和网络技术的不断发展，卖场展示的管理也逐步走向电子信息化的时代。电子信息化管理相对于传统服装展示管理，具有更准确、更快速和低成本等优点。

服装展示电子信息化管理基础是以电子商务平台软件和可以接入互联网络的客户端设计。其原理是将服装展示管理信息采用模块化数据的形式，输入电子信息系统，然后通过共享的服务器和互联的客户端，实现服装展示业务信息沟通。所有的服装展示业务指令的发布、执行、检查和考评操作都可以通过程序来运行。与本业务相关的执行人可以通过登陆到客户端，进入电子商务系统，获得实时的服装展示指令信息，然后根据相关指令进行卖场服装展示的调整和实施。

服装展示电子信息化管理还可以与服装品牌原有的电子商品管理系统结合，可以真正意义上实现服装展示数据化管理。

目前，一些优秀的国际服装零售企业已经建立了初级的服装展示电子信息化管理平台。在此平台上能够进行基本的卖场展示情况分析，进行展示管理的发布和执行的检查和反馈，同时对全球或区域的管理进行推广、检查和调整。

服装展示管理系统是整个品牌管理系统中的一个环节，又是整个品牌管理链中的最后一个环节，服装展示管理的成功与否，对产品销售的“临门一脚”会起到决定性的作用。服装展示管理只有提早融入，全面规划，和品牌各系统建立良好沟通和互动，才能告别孤立和被动的状态，使品牌的管理变得更加完善，从而带来增加终端销售额，提升品牌形象的效应，增强品牌的竞争力，获取更大机遇和从容面对更大的挑战。

参考文献

1.（俄）康定斯基 . 艺术中的精神［M］. 余敏玲，译 . 重庆：重庆大学出版社，2011.
2.（美）约瑟夫·阿尔伯斯 . 色彩构成［M］. 李敏敏，译 . 重庆：重庆大学出版社，2012.
3.（日）高桥鹰志 EBS 组 . 环境行为与空间设计［M］. 陶新中，译 . 北京：中国建筑工业出版社，2006.
4.（俄）康定斯基 . 点线面［M］. 余敏玲，译 . 重庆：重庆大学出版社，2011.
5. 尚慧芳，陈新业 . 展示光效设计［M］. 上海：上海人民美术出版社，2010.
6. 周同，王露露，张尧 . 陈列管理 Q&A［M］. 沈阳：辽宁科学技术出版社，2010.
7. 韩阳 . 卖场陈列设计［M］. 北京：中国纺织出版社，2006.